AF396055

V. 1510
18

020

APPLICATIONS

DU PRINCIPE

DES VITESSES VIRTUELLES

A LA POUSSÉE DES TERRES ET DES VOUTES.

APPLICATIONS

DU PRINCIPE

DES VITESSES VIRTUELLES

A LA POUSSÉE DES TERRES ET DES VOUTES,

RENFERMANT UN NOUVEAU PRINCIPE DE STABILITÉ, DUQUEL ON A DÉDUIT DES MOYENS DE CONSTRUIRE, AVEC MOINS DE DÉPENSE, LES VOUTES ET LES REVÊTEMENS ACTUELLEMENT EN USAGE, PRINCIPALEMENT DANS LES CONSTRUCTIONS MILITAIRES, EN AUGMENTANT LEUR UTILITÉ, LEUR STABILITÉ ET LEUR DURÉE;

PAR UN DIRECTEUR DES FORTIFICATIONS.

Barbarus hic ego sum, quia non intelligor illis.

METZ,

LAMORT, IMPRIMEUR DE LA SOCIÉTÉ DES LETTRES, SCIENCES ET ARTS.

1822.

À Monsieur ***.

Monsieur,

Je ne publie le Mémoire sur l'application du principe des vitesses virtuelles à la poussée des terres et des voûtes, que parce que la conviction où je suis qu'il renferme des idées utiles, a été partagée par vous.

Rédigée en 1816, une partie de ce travail fut adressée à Son Excellence le Ministre de la Guerre, et le comité des fortifications, dans sa séance du 17 janvier 1817, y reconnut des aperçus nouveaux, une méthode suivie et régulière, une considération ingénieuse et tout-à-fait neuve, dont il résulte une nouvelle condition à laquelle les profils de revêtemens doivent satisfaire pour obtenir une stabilité parfaite.

Cette nouvelle condition n'était pas moins indispensable pour la stabilité des voûtes, et j'ai travaillé à établir l'équation qui en résulte sur des principes généralement reçus.

Vous m'avez encouragé dans ce nouveau travail; vous l'avez approuvé; vous daignerez donc agréer l'hommage que j'ai l'honneur de vous en faire : heureux d'avoir trouvé l'occasion de vous donner ce témoignage de ma reconnaissance et de mon inaltérable attachement.

LAMBEL.

TABLE DES MATIÈRES.

FIN DE LA TABLE.

ERRATA.

Page	Ligne	*Mots existans.*	*Lisez :*
2,	2,	davantage,	plus.
3,	11,	rend,	met.
3,	17,	démontre,	prouve.
4,	23,	autant que possible,	autant qu'il est possible.
6,	6,	fur et mesure,	fur et à mesure.
6,	10,	fur et mesure,	fur et à mesure.

SOMMAIRE ET RÉSULTATS
DU MÉMOIRE.

I. $\mathbf{D}$ans la première partie du Mémoire que l'on publie se trouvent réunis les axiomes et les faits, desquels on a déduit, dans les traités de mécanique, le principe des vitesses virtuelles avec les preuves qui établissent qu'il est le fondement de la statique, qu'ainsi tout autre principe doit lui être subordonné, et qu'il est analogue à celui sur lequel est basée la dynamique.

II. Dans la seconde partie, après avoir appliqué le principe des vitesses virtuelles à l'établissement de l'équation d'équilibre des parties inférieure et supérieure des voûtes, on indique une condition nouvelle de stabilité indispensable dans les terrains compressibles (comme ils le sont presque tous), et que l'on avait déjà développée dans un Mémoire adressé à Son Excellence le Ministre de la Guerre, en 1817; c'est celle de l'équilibre des deux pressions latérales opposées, qui ont toujours lieu sur la surface des fondations des pieds-droits; en effet, d'un côté l'action de tout ou de partie du voussoir supérieur, quand il agit comme un coin, ou quand il se sépare à la clef et vers le milieu de la demi-voûte, tend à faire enfoncer l'arête extérieure des fondations au-dessous de l'arête intérieure, et de l'autre côté, les actions réunies du voussoir inférieur, d'une partie du voussoir supérieur et d'une portion de la masse du pied-droit, tendent à produire un effet contraire, parce que la projection verticale du centre de gravité de leur système, tombant entre le centre de gravité et l'arête intérieure de la surface des fondations, tend par cela même à faire enfoncer cette arête au-dessous de l'autre.

L'équilibre de pression latérale sur la surface des fondations des pieds-droits, n'est d'ailleurs indispensable, que relativement à la demi-surface extérieure, parce que, si peu que l'arête extérieure s'enfonce dans le terrain, davantage que l'arête intérieure, il se forme de suite deux joints de rupture à la clef et aux reins.

Lorsqu'au contraire il y a un excédant de pression latérale en faveur de la demi-surface intérieure des fondations, il s'appuie contre les surfaces en contact des voussoirs de la partie supérieure de la voûte ; celle-ci ne peut alors se séparer de la partie inférieure, qu'en s'élevant verticalement, c'est-à-dire, avec une vitesse virtuelle relative qui donne un maximum d'effet, et qu'en surmontant en même temps la résistance produite par l'adhérence de ces surfaces entre elles, augmentée par le poids de la partie supérieure de la voûte, et par l'excédant de pression latérale que l'on suppose.

On peut donc donner aux profils des voûtes, un certain excédant de pression latérale en faveur de l'arête intérieure de leurs fondations, sans que pour cela, les parties inférieure et supérieure de ces voûtes se séparent : c'est avec cet excédant, réuni à la résistance produite par l'adhérence des voussoirs entre eux au moyen du mortier, que l'on est parvenu à mettre les magasins à poudre en état de résister à la chute des bombes, en éloignant en outre de l'extrados du voussoir le point de chute des projectiles, par un massif de maçonnerie plus ou moins épais, suivant que l'action immédiate de ces corps, animés d'une vitesse réelle très-considérable à l'instant de leur chute, augmenterait plus ou moins le moment de la puissance du voussoir supérieur ; ce massif se trouve réduit à zéro à l'extrados des joints de rupture, que l'on suppose placés aux reins de la voûte, et où la chute des projectiles n'influe plus sur le moment du voussoir supérieur.

On connaît quelques résultats, quoiqu'accusés d'être peu exacts, d'expériences faites sur la pénétration des boulets dans diverses espèces de terres et dans la maçonnerie, mais on a moins de données certaines sur la pénétration des bombes dans les mêmes circonstances. Cependant ces notions seraient de la plus haute importance à obtenir, pour donner aux magasins à poudre un degré de résistance proportionnelle à l'accroissement d'action qu'ont reçu les projectiles plongeans en usage, par l'augmentation de leur pesanteur obtenue, soit en les fondant, soit en y introduisant du métal en fusion ; cette augmentation n'influe en rien sur leur diamètre, ni par conséquent sur la résistance qu'ils éprouvent à parcourir les différens milieux qu'ils traversent ; elle a donc accru leur action, sous le rapport de la masse et sous celui de la vitesse.

Pour donner aux magasins à poudre construits suivant les profils de Vauban, une augmentation de résistance, de la nécessité de laquelle on est généralement persuadé, on peut les couvrir, en temps de siége, d'une certaine quantité de terre ; mais l'humidité de celle-ci avarie bientôt les poudres qui sont placées dans l'intérieur, et ensuite rend le magasin à poudre hors d'usage pendant le temps nécessaire pour en bien sécher les maçonneries. Il serait donc beaucoup plus avantageux, à tous égards, d'établir par des expériences certaines, le rapport des pénétrations des bombes en usage dans les différens milieux, avec leur poids ordinaire et avec celui-ci porté au maximum, et d'établir ensuite une épaisseur de voûte et un excédant de pression latérale sur l'arète intérieure des fondations de ces magasins, proportionnés à l'augmentation de puissance qui en résulterait ; on emploierait d'ailleurs en même temps tous les autres moyens dont Vauban s'est servi pour en diminuer l'action.

La condition d'équilibre de pression latérale qui est indispensable pour toutes les voûtes établies sur des terrains compressibles, exige un moment de résistance beaucoup plus considérable que celui qui résulte des conditions de stabilité admises jusqu'ici ; ce résultat explique pourquoi, dans la pratique, on est encore obligé de doubler et même de tripler l'épaisseur des pieds-droits donnée par la théorie.

Cette même équation, appliquée aux profils adoptés par Vauban pour les magasins à poudre, profils que l'expérience a prouvé d'une manière authentique être seuls à l'épreuve de la chute des projectiles plongeans actuellement en usage à la guerre, donne aussi pour la première fois les moyens de déterminer la valeur de l'excédant de résistance au delà de l'équilibre, qui est nécessaire pour leur donner cette propriété.

                                                                1 *

Les changemens que l'on a cru pouvoir faire et proposer jusqu'ici, aux profils des magasins à poudre adoptés par Vauban, n'ont donc pu être que plus ou moins dangereux, puisque, ne connaissant pas l'excédant proportionnel de résistance à leur donner relativement à la chute des bombes, *ni la condition d'équilibre la plus indispensable pour eux, on n'a pu y avoir égard.*

Enfin on propose un nouveau profil de magasin à poudre qui, sans augmenter la dépense, évite les contreforts extérieurs, peut recevoir un tiers de poudre de plus que ceux de Vauban, en opposant à la poussée une résistance plus considérable.

III. Dans la troisième partie du Mémoire, qui est relative à la poussée des terres, on parvient par l'application des mêmes principes, à établir que l'équation d'équilibre des revêtemens et des terres qui leur sont adossées, adoptée par M. Coulomb, n'est point entièrement conforme au principe des vitesses virtuelles, et qu'elle doit éprouver trois modifications dont deux ont été approuvées dans les délibérations du Comité du Génie en date des 17 janvier et 2 mai 1817, et dont la troisième est basée sur un avis émis par l'Académie des sciences en 1783, sur un Mémoire relatif à la poussée des terres. Enfin des expériences sont indispensables pour donner dans cette équation, à l'expression de la résistance produite par l'adhérence du solide de poussée dans le premier instant, une valeur de la justesse de laquelle on puisse être certain.

On observe ensuite que la stabilité des revêtemens n'est pas la seule condition indispensable à remplir dans l'intérêt public, il faut aussi chercher, en déterminant les détails de leur construction, à réunir autant que possible le minimum de dépense au maximum de durée.

L'état de dégradation où se trouvent maintenant les paremens extérieurs des revêtemens construits d'après les profils de Vauban, a été justement attribué au talus considérable que cet illustre Ingénieur a donné à ces paremens ; on en a eu la preuve incontestable en comparant à ces revêtemens dégradés, des murs parfaitement conservés, construits dans le même lieu, à peu-près à la même époque et avec les mêmes matériaux, mais ayant des paremens verticaux.

Ces observations faites depuis long-temps, engagèrent les Ingénieurs à diminuer plus ou moins ce talus; ne considérant la résistance que doivent présenter les revêtemens que relativement à leur arête extérieure, ils crurent que cette suppression exigerait seulement une augmentation d'épaisseur, et ils l'adoptèrent, comme devant coûter moins que les entretiens sans cesse renaissans qu'exigeaient les talus plus considérables; mais la condition d'équilibre, relativement à l'arête extérieure des revêtemens, n'étant pas la seule qui soit nécessaire pour assurer leur stabilité, comme on va l'expliquer, il en est résulté que dans les terrains compressibles, quelque considérable qu'ait été cette augmentation, elle n'a pu empêcher les murs de sortir plus ou moins de leur aplomb primitif; parce que la diminution des talus ayant rapproché les verticales passant par le centre de gravité de la masse du revêtement et par celui de la surface des fondations, l'action latérale de la poussée n'a plus trouvé qu'un faible obstacle à surmonter, pour faire enfoncer, dans les terrains compressibles, l'arête extérieure du revêtement au dessous de l'arête intérieure.

Le talus extérieur donné par Vauban aux murs de revêtemens réunit donc à l'avantage de l'économie, celui de s'opposer à l'inclinaison des revêtemens sur leur base, du parement intérieur au parement extérieur; cet avantage que, quelle que soit l'augmentation d'épaisseur que l'on donne aux revêtemens sans talus, celle-ci *ne peut jamais leur procurer*, est de la plus haute importance pour leur stabilité, parce que l'inclinaison du système du revêtement sur son arête extérieure, dans les terrains compressibles et cohérens, laisse un espace plus ou moins régulier ou plus ou moins considérable entre le revêtement et la masse des terres qui lui est adossée; alors les divers solides de poussée qui se détachent successivement les uns au-dessus des autres, comme M. Mayniel l'a remarqué dans toutes les expériences qu'il a faites (page XIII de son ouvrage), ayant un espace quelconque à parcourir, pour arriver au parement intérieur du revêtement et de ses contreforts, agissent avec une vitesse réelle plus ou moins accélérée, au lieu d'une vitesse virtuelle que suppose l'équation générale d'équilibre; et avec cette plus grande intensité d'action non prévue, ils peuvent renverser ou faire glisser en avant les masses des revêtemens, comme cela est arrivé.

La verticale passant par le centre de gravité de la masse des profils à talus extérieur, tombe en outre entre l'arête intérieure et le centre de gravité de la surface des fondations. L'action latérale produite par cette disposition force donc les revêtemens à s'enfoncer dans les terrains compressibles, sur l'arête intérieure plus que sur l'extérieure, et lorsque, comme le prescrit Vauban, le remblai s'exécute derrière les revêtemens au fur et mesure de leur éléva-tion, celui-ci s'oppose plus ou moins à cet enfoncement ; une portion du poids du revêtement s'appuie alors sur la surface du remblai et sert à main-tenir le solide de poussée sur son plan incliné : ce second avantage du talus extérieur est perdu pour les profils de revêtemens au fur et mesure que l'on diminue ce talus : cette diminution exige donc une seconde augmentation d'épaisseur, à laquelle on n'a pas eu égard jusqu'ici, pour obtenir, relative-ment à l'arête extérieure du revêtement, un moment de résistance égal à celui que présente le profil de Vauban.

Telles sont les causes des avaries qui ont eu lieu dans les terrains com-pressibles, aux revêtemens pleins dont on avait plus ou moins supprimé les talus. On les évitera en combinant les positions des centres de gravité de la sur-face des fondations et de la masse des revêtemens, de manière à ce que l'enfon-cement de cette masse ait lieu sans qu'elle s'incline sur son arête extérieure, ou, comme on l'a dit dans un Mémoire qui a été envoyé au Comité des Forti-fications en 1816, et comme celui-ci l'a reconnu juste, qu'il y ait *équilibre de pression latérale sur la surface des fondations, ou excédant de pres-sion sur la demi-surface intérieure.*

On vient d'expliquer la cause de la pression latérale qui tend à faire enfoncer l'arête intérieure au-dessous de l'extérieure ; c'est l'action du solide de poussée qui agit comme un coin sur le parement intérieur des revêtemens, qui s'op-pose à cet effet, en faisant au contraire enfoncer l'arête extérieure des fon-dations au-dessous de l'intérieure.

La manière d'établir l'équation d'équilibre de ces deux pressions, a été l'objet de plusieurs discussions, qui ont engagé l'auteur de ce Mémoire à de nouvelles recherches; pour l'établir d'une manière incontestable, il a considéré, dans l'intérêt de la stabilité, les terrains homogènes et compressibles, comme des fluides qui céderaient de même, si on leur supposait une densité telle qu'un revêtement d'un poids donné s'enfoncerait également dans l'un et dans l'autre, et il a basé sur les principes de la stabilité des corps flottans, l'équation d'équilibre des pressions latérales qui ont lieu sur la surface des fondations. Un corps flottant sur un fluide quelconque et qui s'y enfoncerait sans s'incliner d'aucun côté, agirait de la même manière sur un terrain compressible et homogène, avec d'autant plus de raison, que la résistance des terrains à la compression croît progressivement, tandis que celle des fluides ne croît que proportionnellement.

Pour appliquer la formule dérivant de l'équation établie d'après cette hypothèse, il faut connaître le moment de la puissance des solides de maximum de poussée. Jusqu'à ce que l'expérience ait donné les moyens d'établir une formule générale exacte et applicable à tous les terrains, on a cru pouvoir déterminer la valeur de ces solides, quelle que soit leur forme, d'après le moment de la pression latérale sur la demi-surface intérieure des fondations, produite par les profils adoptés par Vauban, qui ont lutté avec avantage, depuis plus d'un siècle, contre la poussée de toutes sortes de terres, et qui se sont enfoncés sans s'incliner sur la surface de leurs fondations.

On a trouvé, pour résultat, que les momens de la résistance des revêtemens, construits suivant les profils de Vauban, et relatifs à la nouvelle condition d'équilibre, étaient proportionnels dans les revêtemens de vingt et de trente pieds; qu'ainsi le reproche que l'on avait fait à ces profils, de présenter des momens de résistance plus considérables, dans les revêtemens peu élevés que dans ceux qui le sont davantage, ne paraissait pas fondé. Est-ce la théorie, est-ce l'expérience qui a conduit Vauban à ce résultat? Il est certain que plus on approfondit ce qu'a fait et écrit ce grand homme, plus on voit qu'il a devancé ses contemporains et même les Ingénieurs qui l'ont suivi dans la solution générale des problèmes de la poussée des terres et des voûtes.

En adoptant les principes qu'il a suivis, mais en reconnaissant tous les inconvéniens des talus considérables adoptés par lui, sous le rapport de la durée des revêtemens et des dépenses qu'ils exigent pour leurs réparations, l'on a cherché à suppléer à l'effet des talus extérieurs, qui est indispensable pour remplir la nouvelle condition d'équilibre que l'on a indiquée, laquelle est la seule nécessaire, parce qu'elle remplit en même temps les autres conditions admises jusqu'ici.

Il est résulté des recherches que l'on a faites, un profil où le talus est réduit au cinquantième, qui présente pour les revêtemens le même moment relatif de résistance que les revêtemens de Vauban à talus extérieur égal au cinquième de leur hauteur, ayant 5ᵖ. d'épaisseurs au sommet et 15 pieds de distance du milieu d'un contrefort à l'autre : il n'exige en outre qu'environ les quatre cinquièmes de leur volume pour les revêtemens de trente pieds de haut, et il n'en exigerait qu'environ les deux tiers, si on donnait au profil de Vauban, le talus extérieur du nouveau profil et le même moment de résistance relatif.

On emploie maintenant assez généralement le profil de Vauban, avec un talus réduit au douzième de la hauteur, et il faut alors qu'il ait 8ᵖⁱ,122 d'épaisseur au sommet pour lui donner un moment de résistance, relativement à l'arête extérieure du revêtement, égal à celui du profil de Vauban, que l'on vient d'indiquer.

En comparant le volume que cette épaisseur exigerait, à celui du profil que l'on propose, on trouve que celui-ci a $\frac{111}{333}$ de volume de moins. Le volume total de la maçonnerie d'un front tracé suivant le système de Cormontaingne sur 360 mètres de côté extérieur, est de 48200 mètres cubes, en supposant la toise égale à deux mètres ou six pieds métriques, ce qui n'influe en rien sur le rapport des volumes, puisque tous deux ont été calculés sur les mêmes bases et d'après les mêmes principes, l'économie par front serait de 14000 mètr. cubes, qui, à 11 fr. 50 cent., prix de la maçonnerie de moellons, à Metz, coûteraient 160000 fr., les profils moins élevés devant présenter à peu-près des économies proportionnelles. En supposant que la France fasse construire en revêtemens, d'ici à vingt ans, la valeur de 40 fronts de fortification, ce qui serait nécessaire pour l'amélioration de la défense de l'état, et suppléer aux places

qu'il a perdues, on voit que le revêtement nouveau que l'on propose, produirait une économie de 6 à 7,000,000 fr. dans ce laps de temps.

Le nouveau profil évite aussi dans les terrains homogènes, les dépenses
des pilots, des palplanches, etc., que l'on emploie encore, pour empêcher le tassement des fondations; il fait concourir au contraire la compressibilité des terrains à la stabilité des constructions, comme les profils adoptés
par Vauban pour les magasins à poudre et les revêtemens, lesquels sont les
seules constructions qui, sur le sol vaseux et très-compressible de la place de
Marsal, n'ont point éprouvé de désunion: le profil proposé n'exige pas non
plus, comme Vauban l'a prescrit, de donner au point où l'on arrête les demi-
revêtemens, une épaisseur égale à celle qu'auraient les revêtemens entiers au
même point, parce qu'il est composé de voûtes horizontales qui divisent l'action
de la poussée.

La réduction des talus au minimum permettrait en outre, quand on a de la
chaux aussi bonne qu'à Metz, de supprimer dans les paremens extérieurs des
revêtemens, les pierres de taille, les briques ou les moellons piqués, etc. Ces
matériaux étant plus réguliers ou d'un plus grand volume que ceux de la masse
intérieure, admettent beaucoup moins de mortier entre leurs joints, le parement
ne cède pas alors, dans la même proportion que la masse intérieure, à la retraite
du mortier; il s'en sépare à la longue par des lézardes plus ou moins considérables
que l'eau de pluie en s'y gelant agrandit bientôt, au point de faire écrouler
le parement extérieur.

La suppression des paremens, contruits en matériaux différens de ceux de
l'intérieur de la masse, réunirait donc l'économie à la durée des constructions.

L'expérience prouve que les enduits ordinaires, en mortier de Metz, résistent avec avantage aux influences de l'atmosphère. La durée des arches de
Jouy en est un témoignage authentique; mais l'on ne peut obtenir un résultat aussi remarquable qu'en massivant le mortier, que les expériences de
M. Rondelet ont prouvé pouvoir diminuer par cette opération du sixième de
son volume, afin d'éviter par là les crevasses qui se forment à la longue dans

l'intérieur des maçonneries non massivées, et par conséquent l'introduction de l'eau, cause première et essentielle de toute dégradation.

Il faudrait donc construire les murs des revêtemens dans des formes, comme les murs en pisé, l'enduit s'élevant en même temps que le reste de la maçonnerie, y serait uni plus fortement que par le mode actuel; étant massivé, il n'éprouverait aucune crevasse, il ne faudrait que peu de maçons, qui n'auraient d'autres fonctions que de placer convénablement les moellons et le mortier, des manœuvres suffiraient pour la massivation. Ce mode d'exécution, peut-être le seul praticable, pour les légions romaines qui ont exécuté les beaux travaux que nous en possédons, et qui ont plus ou moins résisté aux ravages du temps depuis vingt siècles, réunirait donc l'avantage de l'économie et de la solidité.

La surface totale du parement d'un front de 36o mètres de côté extérieur, est de 14,4oo mètres carrés; le parement en mortier massivé procurerait sur le parement en briques ou en pierres de taille, établi aux moindres prix du marché de Metz, et sur 18ᵖ. d'épaisseur réduite, une économie de 11 fr. par mètre carré, ou de 158,000 fr. par front, et sur le parement en moellons simplement esmiliés qui sont les moins chers, 1 fr. 5o c. par mètre, ou 21,6oo fr. par front.

Les paremens en pierres de taille ou en briques seraient réservés pour les parties de parement placées dans l'eau, ou alternativement sous l'eau et à l'air : la massivation serait encore nécessaire à y employer, pour faire de cette partie du revêtement un tout fortement cohérent. Enfin les revêtemens proposés pourraient aussi, avec peu de dépenses en plus, fournir des logemens ou des magasins.

M. Vicat ayant indiqué le moyen de donner à toutes les chaux une qualité approchant de celle de Metz, les améliorations et les économies que l'on propose seraient applicables à toutes les places du royaume.

Solidité, stabilité et économie dans les constructions civiles et militaires, paraissent donc devoir être les résultats du travail que l'on présente.

MÉMOIRE

SUR L'APPLICATION DU PRINCIPE DES VITESSES VIRTUELLES A LA
POUSSÉE DES TERRES ET DES VOUTES.

SECTION PREMIÈRE.

*Axiomes et faits desquels on a déduit le principe des vitesses
virtuelles.*

Définitions.

1. O_N donne le nom général de quantité à tout ce qui est susceptible
d'augmentation et de diminution, et le nom d'unité à une quantité déterminée
qui sert de terme de comparaison.

L'objet général des mathématiques est d'établir le rapport des quantités à
déterminer, à l'unité que l'on adopte.

Sous le nom de matière on comprend tout ce dont l'existence peut être
constatée par nos sens, et sous celui de corps la réunion d'un nombre quelconque
de parties de matière.

Le volume des corps est déterminé par les dimensions de la place qu'ils
occupent; *leur masse,* ou la quantité de matière qui les compose, l'est par
leurs poids; *leur densité,* est le rapport de leurs poids à leur volume.

Tant que les mathématiques ne considèrent les corps que sous le rapport de
leurs dimensions, de leur volume, de leur poids, etc. quantités dont la connais-
sance parfaite peut être acquise par les sens, l'esprit peut agir seul sans craindre
d'errer, et établir les rapports des quantités qu'il veut déterminer, au moyen
de principes généraux et des conséquences qu'il en déduit.

2*

L'arithmétique, l'algèbre qui ne considère que les quantités abstraites, la géométrie qui a pour objet l'étendue, les surfaces et les volumes, sont dans cette catégorie; mais quand les mathématiques traitent des propriétés de la matière dont les causes premières échappent totalement à nos sens, et dont nous apercevons seulement quelques effets, tels que le mouvement, la pesanteur, etc., ces effets peuvent seuls guider dans l'application du petit nombre d'axiomes qui peuvent alors être employés, pour découvrir les lois que ces propriétes suivent dans leurs variations et dans leurs combinaisons. Les principes de la mécanique, dont l'objet est d'établir les lois de l'équilibre et du mouvement des corps, ne peuvent donc être établis que d'après le résultat de l'expérience.

Pour simplifier la solution des problèmes de mécanique, on peut supposer toute la masse des corps réunie en un seul point que l'on nomme *centre de gravité*, c'est le point autour duquel, lorsqu'il est fixe, tous les élémens de la masse des corps sont en équilibre dans toutes les positions possibles relativement à la pesanteur.

On entend par *force*, tout ce qui imprime ou peut imprimer aux corps un mouvement quelconque; unie aux corps, elle se nomme *puissance* ou *résistance*, suivant le rôle qu'elle leur fait jouer.

La direction d'une force est la droite que tend à décrire, ou que décrit librement, le point du corps auquel elle est appliquée; cette direction se détermine d'une manière précise, quelle qu'elle soit, quand on connaît les trois angles qu'elle fait avec trois axes se rencontrant en un point commun et situés deux à deux dans des plans différens; parce qu'alors on peut la décomposer, comme on l'indiquera (art. 3), en trois autres directions parallèles à ces trois axes, dont les rapports sont faciles à établir.

Moyen de mesurer et de comparer l'intensité des forces.

« 2. Dans l'état d'équilibre, dit Lagrange, pag. 1re. de sa *Mécanique
» analytique*, la force n'a pas d'exercice actuel, elle ne produit qu'une
» simple tendance au mouvement, mais on doit toujours la mesurer par
» l'effet qu'elle produirait, si elle n'était pas arrêtée ». L'on désigne cette tendance sous le nom de mouvement virtuel, et, sous celui de vitesse virtuelle, la vitesse que ce mouvement produirait; c'est-à-dire, l'espace qu'il ferait parcourir dans l'unité de temps.

L'essence d'une force étant de produire du mouvement, ce n'est que par le rapport des vitesses réelles ou virtuelles de celui-ci, que l'intensité relative de plusieurs forces, toutes choses égales d'ailleurs, peut être déterminée : pour pouvoir comparer les vitesses entre elles, on les a représentées *par les espaces parcourus divisés par le temps, ou par les espaces parcourus dans l'unité de temps.*

Les mouvemens sont uniformes, retardés ou accélérés, suivant que les espaces parcourus dans des temps égaux, sont égaux, diminuent ou augmentent; ces mouvemens différens peuvent avoir pour cause, des forces dont la nature n'est pas parfaitement identique : en effet, quelle est la cause du mouvement? dit M. de Prony (page 13 de son *Architecture hydraulique.*) « C'est la première » question de mécanique qui soit prise dans la nature des choses et qui soit » indépendante de toute convention.

» Il ne faut pas de longues réflexions pour s'apercevoir que sa solution » est au-dessus des forces de l'esprit humain, ou est hors de la classe des » notions auxquelles il peut parvenir naturellement, à moins qu'on ne re- » monte imméd' tement à l'action d'une première cause, ce qui est trancher » la difficulté sans la résoudre. En effet, tous les mouvemens que nous con- » naissons sont produits ou par *l'impulsion* qui suppose une action immé- » diate du corps qui fait mouvoir, sur celui qui se meut, ou une communication » de l'un à l'autre par le moyen d'autres corps, ou par l'attraction et la » répulsion, qui ne nous laissent apercevoir aucune communication pareille » entre les corps; nous ne pouvons nous dissimuler que dans tous les cas, » la cause qui produit le mouvement nous est parfaitement inconnue, et que » la loi suivant laquelle les effets s'en opèrent est la seule chose qui donne » prise à nos recherches. »

L'essence de la matière ne nous est pas plus connue; lors donc qu'il s'agit de déterminer les résultats d'une force agissant sur des portions de matière, c'est-à-dire les lois que suivent les combinaisons de deux choses qui paraissent au premier aspect aussi hétérogènes, comment ne pas reconnaître que l'ex- périence seule doit être notre guide? dût-on admettre, comme Newton l'a cru possible, que l'attraction ou la cause du mouvement produit par la pe- santeur est l'effet d'un fluide, et par analogie, que toutes les autres espèces de mouvemens ont une cause semblable.

Puisqu'il y a, comme on vient de le voir, des mouvemens de différentes espèces, la nature de leur cause peut n'être pas entièrement la même, l'on se bornera, dans ce Mémoire, à énoncer les lois générales de l'équilibre des corps pesans, ce qui suffira pour les applications que l'on a à en faire, et

même pour toutes les applications en usage, puisque la pratique, qui s'aper-
çoit la première des erreurs de la théorie, a cru pour pouvoir se servir
en toute sécurité des principes que celle-ci a posés, devoir adopter pour
mesurer toutes les forces connues, une unité de poids parcourant dans la
direction verticale un espace donné dans une unité de temps déterminée.

On ne conçoit pas et l'on n'a pu en trouver un seul exemple, que l'on
puisse employer dans l'application des principes de mécanique, un poids,
sans avoir égard à sa vitesse virtuelle ou réelle, de quelqu'artifice de calcul
que l'on use : quelquefois le poids peut avoir la même vitesse virtuelle que
la force qu'il sert à mesurer ; alors, on a pu négliger cette vitesse sans erreur
dans les deux termes de l'équation ; mais on paraît avoir tiré de cette circonstance un principe que nous croyons incomplet, en disant que *toutes
les forces de la nature peuvent être mesurées en poids*, il faut ajouter
en poids *d'une vitesse réelle ou virtuelle déterminée*.

C'est ainsi que la force des machines à vapeur a été évaluée par la force
d'un cheval agissant 24 heures de suite, et qui éleverait pendant ce temps
6,000 mètres cubes d'eau à un mètre de hauteur.

Il en est de même de la force de l'homme, et des forces nécessaires pour
surmonter la résistance qui provient de la cohésion des élémens des corps,
ou du frottement de deux corps qui se meuvent l'un sur l'autre.

En rapportant d'ailleurs tout au mouvement ou à l'équilibre des corps,
on a l'avantage d'éviter les erreurs et les longues discussions, parce que l'expérience donne alors les moyens d'éviter les premières et de trancher promp-
tement les secondes. On supposera donc désormais que les forces dont on
parlera sont de la même nature que celles qui sont produites par la pesanteur.

Axiomes et principes relatifs aux forces.

3. Les axiomes relatifs aux forces qui ont été confirmés par l'expérience,
sont en petit nombre. Il est généralement admis que deux forces de même
nature, agissant simultanément sur un même point placé au centre de gravité
d'un corps, produisent ou tendent à produire pendant l'unité de temps, quand
elles ont la même direction, une vitesse égale à la somme de celles qu'elles
auraient produites, si elles avaient agi séparément, et une vitesse égale à leur
différence quand elles ont une direction opposée ; dans ce dernier cas, quand
ces forces sont égales, elles se détruisent ou se font équilibre.

C'est aussi un axiome, qu'une force agissant sur un point perpendiculairement à une ligne ou à un plan, ne peut imprimer aucun mouvement à ce point parallélement à cette ligne ou à ce plan.

On a dû regarder ces propositions comme vraies, parce que leur vérité n'a paru dépendre ni de la nature du mouvement, ni de celle de la matière, puisqu'elles supposent toutes les autres choses égales d'ailleurs, et que les conséquences que l'on en a tirées en mécanique, ont été confirmées par l'expérience.

On en a déduit un des principes les plus importans de la mécanique, que l'expérience a aussi confirmé, c'est que si deux forces agissent dans un même plan et sur un même point, mais suivant des directions différentes, elles ont ou tendent à avoir pour résultante une force unique qui ferait parcourir à ce point, dans l'unité de temps, un espace égal à la diagonale d'un parallélogramme, dont les deux côtés partant du point d'application des forces et suivant leur direction, seraient respectivement égaux aux espaces que chacune d'elles parcourraient dans la même unité de temps.

Quand un plus grand nombre de forces agissent dans les mêmes circonstances et simultanément sur le même point, on détermine aussi facilement la direction et l'espace que ce point tend à parcourir ou qu'il parcourrait dans l'unité de temps, en considérant les diagonales des forces combinées deux à deux comme représentant des forces élémentaires.

Une force élémentaire peut réciproquement être considérée, comme la résultante d'un nombre quelconque de forces qui seraient déterminées d'après le même principe.

Quand les forces n'agissent pas dans le même plan, en supposant trois lignes quelconques se croisant en un point, et situées deux à deux dans des plans différens, on peut, quelles que soient leurs directions, décomposer ces forces, en trois autres parallèles chacune à une de ces trois lignes, et ensuite déterminer, d'après les principes que l'on vient d'énoncer, les composantes et les résultantes des forces qui agissent dans le même plan, ce qui suffit pour l'établissement des équations d'équilibre.

Lagrange ne paraît pas d'ailleurs avoir partagé le sentiment des savans, qui ont cru que les mesures de toutes les forces de la nature pouvaient être établies en faisant abstraction de leur vitesse réelle et virtuelle, c'est-à-dire de leur mouvement. « On a cherché, dit-il, (*Mécanique analytique, pages* 18 *et* 19), à
» rendre le principe de la composition et de la décomposition des forces,
» indépendant de la considération du mouvement, et à l'établir uniquement

» sur des vérités évidentes par elles-mêmes ; mais, observe-t-il, le principe
» par lequel on a cherché à démontrer qu'un corps poussé par deux forces
» qui ne sont pas en équilibre, doit prendre un mouvement qui peut être
» attribué à une force unique agissant sur lui dans la direction de son mou-
» vement, n'est pas tout-à-fait exempt de la considération du mouvement ;
» et il dit plus loin, qu'en séparant ainsi le principe de la composition des
» forces de celui de la composition des mouvemens, on lui fait perdre ses
» principaux avantages, l'évidence et la simplicité, et qu'on le réduit à n'être
» qu'un résultat de construction géométrique ou d'analyse. »

On ajoutera à ce que dit cet illustre mathématicien, que la décomposition
des forces ne paraît dans aucun cas devoir être indépendante des considérations
du mouvement soit réel, soit virtuel, puisque celui-ci étant l'effet essentiel
des forces quelles qu'elles soient, *son expression*, c'est-à-dire l'espace qu'il fait
ou tend à faire parcourir dans l'unité de temps, peut seul représenter leur intensité et par conséquent mettre à même d'établir leurs rapports.

Cette considération est de la plus haute importance ; on cherchera à prouver
plus tard, que c'est au peu d'égard que l'on y a eu, qu'il faut attribuer les
erreurs que l'on croit avoir découvertes, dans quelques applications des principes
de statique à l'équilibre des revêtemens résistant à la poussée des terres.

Conditions de l'équilibre de plusieurs corps qui agissent les uns sur
les autres au moyen du lévier.

4. Jusqu'ici on n'a parlé des forces et des vitesses réelles ou virtuelles qu'elles
produisent, qu'en faisant abstraction de la portion de matière à laquelle elles
doivent se trouver nécessairement unies pour pouvoir être mesurées, ou plutôt
nous avons considéré les forces comme agissant sur une unité de masse toujours égale ; mais quelles sont les lois que doivent suivre les résultats réels ou
virtuelles de l'application de forces plus ou moins intenses à des masses inégales ?
Ces lois dérivent nécessairement de l'essence même de la matière et du mouvement ; essence que, comme on l'a dit (article 2), nous n'avons aucun moyen
d'approfondir : elles ne paraissent donc pouvoir être reconnues d'une manière
certaine que par les résultats de l'expérience.

On ne connaît que deux moyens élémentaires avec lesquels l'industrie humaine
a cherché, en employant des corps solides pour intermédiaire, à mettre à profit
les forces dont elle pouvait disposer, ce sont le levier et le plan incliné.

Soit un levier horizontal *a c b*, Fig. (1), ayant son point d'appui ou centre de rotation en c, l'expérience démontre que

(I). « Il y a équilibre entre les corps a et b agissant en sens opposés dans un
» même plan vertical, et aux distances ac et cb du centre de rotation, lorsque
» les produits de leurs masses a et b par leurs bras de levier respectifs ac
» et cb sont égaux » (*).

Le bras de levier d'une force ou sa distance horizontale au centre de rotation du levier est, comme on le voit, la perpendiculaire abaissée de ce
centre sur la direction de cette force : ab étant horizontale, et la direction
de la force étant verticale, les lignes ac et ab se trouvent ainsi être les bras
de levier des masses a et b.

Les vitesses virtuelles relatives de ces forces estimées, suivant leur direction,
ou les espaces bm et an qu'elles tendent à parcourir en deux sens opposés
dans la même unité de temps autour du centre de rotation, et que l'on
suppose assez petits pour pouvoir être considérés comme verticaux, sont proportionnels aux bras de levier ac et cb. On pourrait donc substituer dans
l'énoncé précédent (I) l'expression de ces vitesses virtuelles à celle des bras
de levier respectifs, si leur rapport pouvait être exprimé par des quantités
différentes de ces bras de levier ; ainsi l'on peut aussi dire :

(II). « Il y a équilibre entre les corps a et b agissant en sens opposés dans
» un même plan vertical, aux distances ac et cb du centre de rotation, lors-
» que les produits de leurs masses a et b par leurs vitesses virtuelles re-
» latives estimées suivant leur direction sont égaux. » L'expérience prouve
également la vérité des énoncés (I) et (II).

En donnant à la ligne cb, située toujours dans le même plan, la longueur
et la direction inclinée cb', l'expérience prouve qu'il n'y a équilibre que
quand la verticale passant par le point b', passe en même temps par le point b.

Soit $b'o$, espace supposé perpendiculaire à cb' et que le point b' parcourrait en même temps que le point b décrirait bm et le point a, an, on a
$cb' : b'o :: cb : bm$. En décomposant $b'o$ en deux directions, l'une bi verticale
qui est celle de la force, et l'autre io perpendiculaire à cette direction et qui
par conséquent, comme on l'a vu (art. 3), ne peut avoir aucune action dans
le sens de la première, bi est égal à l'espace élémentaire bm, puisqu'à cause
de la similitude des triangles $b'io$ et cb', on a $cb' : b'o :: cb : bi$; $b'o$ étant

---

(*) Les chiffres romains entre parenthèses indiquent les propositions qui les suivent.

l'espace virtuel que le centre de gravité du corps parcourrait réellement, ou sa vitesse virtuelle estimée suivant la direction de son mouvement, et $b'i$ l'espace virtuel qui en résulte dans le sens de la direction de la force, ou sa vitesse virtuelle estimée suivant sa direction. Cette expérience démontre de nouveau la vérité de la formule (II) que l'on a rendue plus concise en la traduisant ainsi :

« *Il y a équilibre entre deux corps agissant en sens opposés, dans le même*
» *plan vertical et à des distances quelconques du centre de rotation d'un*
» *levier, lorsque la somme des momens relatifs est égale à zéro.* »

L'énoncé de ce principe, généralement admis, suppose que l'on affecte d'un signe positif les masses qui agissent d'un côté, et d'un signe négatif celles qui agissent du côté directement opposé.

On voit que l'on entend par moment relatif, le produit d'une masse par sa vitesse virtuelle relative, estimée suivant sa direction. On emploiera toujours ce mot dans cette acception : Galilée et Wallis (*Mécanique analytique* de Lagrange, tom. 1er, pag. 20 et 21), ont employé ce mot dans le même sens. Lagrange trouve l'acception donnée à ce mot par ces deux savans, plus naturelle et plus générale, et ne voit pas pourquoi on l'a abandonnée pour y en substituer une autre, qui exprime seulement la valeur du moment dans certains cas.

On désignera sous le nom de vitesse virtuelle absolue, la vitesse virtuelle déterminée suivant la direction des forces, en les supposant indépendantes les unes des autres, et sous le nom de moment absolu, le produit des forces par leur vitesse virtuelle absolue. Le moment absolu d'une masse peut donc être représenté par un poids, dont le produit, par l'espace vertical qu'il tendrait à parcourir dans la même unité de temps, serait égal à ce moment.

Conditions de l'équilibre de plusieurs corps qui agissent les uns sur les
autres au moyen de plans inclinés.

5. La condition d'équilibre pour le plan incliné est absolument la même ; soit un plan incliné abc (Fig. 2), r une masse tendant à se mouvoir parallélement à ab, p une autre masse tendant à se mouvoir verticalement et liée à la masse r par une corde rap parfaitement flexible et inextensible, de manière que r parcourt toujours, suivant la longueur du plan incliné, un espace égal à celui dont le point p montera ou descendra verticalement ; l'expérience prouve qu'il y a équilibre, lorsque la puissance est à la résistance, comme la hauteur du plan est à sa longueur, c'est-à-dire, lorsqu'on a $p : r :: ac : ab$

et par conséquent $p = \dfrac{r \times ac}{ab}$.

Lorsque la masse p parcourt un espace quelconque $m'n'$, la masse r parcourt mn égal à $m'n'$: en formant le triangle rectangle mno par la rencontre d'une horizontale passant par le point m, et d'une verticale passant par le point n; la ligne no représentera la vitesse virtuelle relative de la résistance, estimée suivant sa direction.

D'après le principe général énoncé dans l'article précédent, pour qu'il y ait équilibre, il faut que $r \times no = p \times n'm'$ ou $p = \dfrac{r \times no}{n'm'}$, et c'est ce qui est d'après le résultat de l'expérience, puisque les triangles mno et abc étant semblables, on a $\dfrac{ac}{ab} = \dfrac{no}{nm}$; il y a donc encore équilibre entre des masses se mouvant sur des plans inclinés, *quand la somme de leurs momens relatifs est égale à zéro.*

Quand la masse p, au lieu de se mouvoir suivant la verticale, se meut suivant une autre ligne inclinée, on trouve encore le même résultat.

Enfin, lorsque les masses se meuvent sur des surfaces courbes, celles-ci pouvant être considérées comme une suite de plans infiniment petits, en tirant une ligne suivant l'inclinaison de l'élément de la courbe sur laquelle se meut la masse donnée, on a la direction du mouvement, et en en prenant une certaine partie que l'on terminerait par une horizontale et par une verticale, on aurait le profil abc (Fig. 2), qui étant connu, fournirait tous les élémens nécessaires pour trouver le rapport des vitesses virtuelles.

Généralité du principe des vitesses virtuelles.

6. Le principe des vitesses virtuelles est donc commun aux deux seuls moyens employés en mécanique, pour la combinaison des forces, tandis que l'énoncé de l'équation d'équilibre dans laquelle on remplace l'expression de *vitesse virtuelle* par celle de *bras de levier*, n'est applicable qu'au levier seul.

L'application du principe des vitesses virtuelles n'exige pas d'ailleurs qu'on établisse leur valeur absolue, mais seulement leurs rapports, lesquels dans les mouvemens de rotation sont donnés par la longueur des bras de levier, et dans les plans inclinés par la longueur de la base et la hauteur de ces plans.

En considérant, en outre, que les propriétés essentielles des vitesses virtuelles sont les mêmes que celles de vitesses réelles (*Architecture hydraulique* de M. de Prony, tom. 1er. page 236), puisque le principe général de la dynamique appliqué aux machines, est que les produits de la puissance et

3*

de la résistance par leurs vitesses relatives sont toujours égaux, on doit en conclure que ce principe fondamental des deux parties de la mécanique a tous les caractères des lois de la nature qui sont générales et uniformes.

Aussi, un illustre Mathématicien a dit (Lagrange, tom. 1er., page 23, *Mécanique analytique*) « qu'il croyait pouvoir avancer que tous les principes généraux que l'on pourrait peut-être encore découvrir dans la science de » l'équilibre, ne seraient que le même principe des vitesses virtuelles envisagé différemment et dont ils ne différeraient que dans l'expression. Il » pense (*page 20*) que dans le levier et les autres machines cette loi est facile à reconnaître; que Guido Ubaldi est le premier qui l'ait aperçue dans » le levier et les machines qui en dérivent, et que Galilée l'a reconnue ensuite dans les plans inclinés. Il ajoute (*page 21*), que, soit que l'on regarde ce principe comme une propriété générale ou comme la vraie cause » de l'équilibre, il a toute la simplicité que l'on peut désirer dans un principe fondamental et qu'il est en outre recommandable par sa généralité.

Nous le considérons comme une propriété générale de la matière et du mouvement, comme une loi de la nature rendue incontestable par les faits.

On voit par la manière dont nous avons établi le principe des vitesses virtuelles, que nous pensons que, lorsqu'il s'agit de la combinaison des forces et des corps, du mouvement et de la matière dont les essences sont également inconnues, il faut, pour ne pas s'égarer, remonter des faits aux principes : un esprit privilégié croira peut-être devoir suivre la route opposée ; mais dans ce cas, on ne croit pas que l'on puisse jamais trouver des résultats contraires à ceux que l'on a déduits de faits aussi authentiques qu'uniformes.

Conséquence du principe des vitesses virtuelles.

7. Le principe des vitesses virtuelles étant irréfragable, on en déduira la conséquence suivante qui semble immédiate, mais qui sera peut-être contestée, parce qu'en voulant éviter les difficultés qui résultent, dans la solution des problèmes de mécanique, de la considération du mouvement, au lieu de les aborder franchement, quelques savans modernes ont adopté un principe contre lequel a réclamé Lagrange, comme on l'a vu (art. 3); c'est de traiter les forces en général, dont la production du mouvement est l'essence, en faisant abstraction de tout mouvement.

On pense au contraire, que ne pouvant appliquer le principe des vitesses virtuelles sans supposer un mouvement si petit qu'il soit, *on doit, dans l'établis-*

*sement des équations relatives à la solution des problèmes de mécanique,
avoir égard aux circonstances qui ont nécessairement lieu, quelque petit
que soit le mouvement supposé.*

S'il est permis de démontrer la vérité d'une proposition, par les absurdités
qui résultent de la proposition contradictoire, et par les erreurs que sa non
observation pourrait faire commettre, il sera facile de prouver celle du principe
que l'on vient d'énoncer.

En faisant abstraction de toute considération de mouvement, dans l'équation généralement adoptée pour établir l'équilibre du voussoir supérieur et
de la partie inférieure d'une voûte, lorsque la rupture est supposée avoir lieu
aux reins et à la clef, on doit regarder le voussoir supérieur comme tendant
à renverser la partie inférieure de la voûte, en ayant l'arête de l'intrados du
joint de rupture du rein pour axe de rotation, tandis que le pied-droit et
la demi-voûte entière, que l'on doit considérer d'après l'hypothèse comme ne
formant qu'un tout, s'oppose à cette puissance en ayant l'arête extérieure du
pied-droit pour axe.

En établissant l'équation d'équilibre d'après cette hypothèse et d'après le
principe des vitesses virtuelles, il s'ensuit que la masse du voussoir supérieur
doit être multipliée par l'espace vertical qu'elle parcourrait en s'abaissant, dans
le même temps que le pied-droit s'élève d'une certaine quantité, et que toute
la demi-voûte, dont le voussoir supérieur fait partie, doit être en même temps
multipliée par un espace vertical en sens inverse, déterminé par la quantité
dont le pied-droit a dû s'élever; la même partie du voussoir supérieur devrait
donc, dans ce cas, être multipliée par deux espaces verticaux directement
opposés qu'il faut supposer parcourus par le même point et en même temps;
proposition évidemment contraire à l'axiome qui reconnaît que le même point
ne peut en même temps parcourir deux lignes différentes. Pour éviter ces
erreurs, il faut donc supposer, comme l'a fait M. Gauthey, qu'une partie du
voussoir supérieur s'appuie à l'extrados de la clef et l'autre à l'intrados du
joint de rupture, et que c'est seulement la partie qui s'appuie à l'intrados du
joint de rupture qui s'élève tandis que l'autre s'abaisse.

On croit donc que dans la statique, lorsque l'on établit les équations d'é-
quilibre, *on doit avoir égard aux circonstances qui ont toujours lieu
quelque petit que soit le mouvement.* Le mouvement que l'on suppose est
d'ailleurs le plus petit possible, puisque l'espace parcouru est supposé perpendiculaire à l'extrémité du bras de levier.

Les corps placés à la surface de la terre éprouvent en réalité des mouvemens plus considérables par l'effet des ébranlemens terrestres qui sont si
fréquens, des ouragans, des coups de tonnerre, etc. Dans ces circonstances,
si petites que soient l'élasticité et la compressibilité des matériaux, elles sont
nécessairement mises en jeu, et dans les constructions voûtées le voussoir
supérieur peut alors osciller plus ou moins ; l'on a remarqué d'ailleurs que
c'est principalement lors de la durée de ces phénomènes que les désunions
et les renversemens ont lieu. C'est donc un second motif, dans l'intérêt de
la stabilité des constructions, pour avoir égard aux circonstances qui on: toujours lieu, quelque petit que l'on puisse supposer le mouvement de la puissance et de la résistance ; comment d'ailleurs s'y refuser dans les équations
d'équilibre relatives aux voûtes, puisque le mouvement du voussoir supérieur
a toujours réellement lieu lors de leur décintrement.

Les principes généraux que l'on vient de rappeler et d'établir étant suffisans
pour la solution des questions que l'on se propose de traiter, on va montrer
par des exemples combien leurs applications sont faciles ; les employant depuis
de longues années, on a trouvé constamment qu'ils simplifiaient et rendaient
les solutions plus claires et plus satisfaisantes ; persuadé d'ailleurs que les applications sont les seuls avantages réels des découvertes des sciences pour la
société, on a cherché à mettre l'application des principes des vitesses virtuelles
le plus possible à la portée de ceux qui sont appelés à en faire usage. On
a donc uniquement fait usage des considérations de la Géométrie simple, et
les résultats ont été les mêmes que ceux que l'on aurait obtenus d'après les
principes des mathématiques transcendantes.

SECTION II.

Application du principe des vitesses virtuelles à la poussée des voûtes.

Circonstances ordinaires de la rupture des voûtes.

8. ON nomme *partie ou voussoir supérieur*, la portion de voûte qui se trouve au-dessus du joint inférieur où la rupture a lieu, et *partie inférieure*, la portion de voûte et de pied-droits, s'il y en a, qui se trouve au-dessous de ce joint.

Jusqu'ici il n'existe point de théorie générale qui fasse connaître le joint de rupture des différentes espèces de voûtes que l'on peut construire : on ne connaît ce joint que par expérience. Le Corps des ponts et chaussées est celui qui a recueilli le plus de faits sur cet objet. MM. Gauthey et Sganzin, dans leurs ouvrages, citent un mémoire de M. Boistard sur ce sujet ; le premier en présente les principaux résultats, et le second les applique aux dimensions à donner aux principales parties des voûtes.

Il résulte d'un grand nombre de faits et d'expériences, que dans les terrains et avec des matériaux non susceptibles de tassement, lorsque la partie inférieure de la voûte est trop faible pour résister aux efforts de la partie supérieure, la voûte se rompt suivant le joint bd (Fig. 3) (*), si ce joint existe, ou si la cohérence des élémens de la clef est trop faible, et dans le cas contraire suivant le joint le plus voisin de bd ; le point d placé à l'extrados de la voûte s'abaisse en i, et le point b en b', en se séparant du voussoir voisin. Une désunion en sens inverse a lieu en même temps au joint fg de rupture, et le mouvement du pied-droit se fait sur l'axe de rotation b.

Lorsque le terrain est susceptible de tassement, au lieu de se mouvoir sur

---

(*) Les lettres italiques ont rapport aux figures, les petites capitales se rapportent aux quantités simples connues ou non connues relatives aux problèmes à résoudre, et les lettres majuscules aux quantités complexes.

l'arête en *l*, le pied-droit peut se mouvoir sur l'arête *p*, lorsque la verticale, passant par la résultante des deux pressions latérales opposées qui agissent sur la surface des fondations *pq*, tombe entre l'arête *q* et le point *s*, que l'on suppose être le centre de gravité de cette surface.

La pression latérale qui a lieu du côté de l'arête *q*, est produite par l'action de la portion du voussoir supérieur qui s'appuie en *d*, et qui, en descendant de *d* en *i*, ferait parcourir au rayon *g'p* la perpendiculaire *g'r'*, et au point *q* l'espace *qq'* perpendiculaire au rayon *pq*.

La pression qui agit du côté de l'arête opposée *p*, provient 1°. de la partie du poids du voussoir supérieur qui repose en *g*, et qui décrit l'élément *g'r'* quand le voussoir supérieur décrit l'espace *di*; 2°. de l'action du voussoir *••g'f* dont le centre de gravité décrirait un élément proportionnel à *g'r'*.

Les verticales passant par les centres de gravité de ces deux masses tombant entre le centre de gravité *s* et l'arête *p*, la résultante de leur moment relatif à l'axe *q* tend à faire décrire au point *p* un espace *pp'* perpendiculaire à *pq*; tandis que la masse du pied-droit *pq••* dont le centre de gravité est supposé, dans le cas présent, passer par la même verticale que celui de la surface des fondations, tend seulement à faire enfoncer, sans s'incliner, la masse totale du pied-droit.

Lorsque la verticale passant par la résultante des deux pressions latérales opposées tombe entre le point *s* et l'arête *p*, la rupture peut ne pas avoir lieu, parce que les deux parties inférieures de la voûte, qui se pressent alors contre la partie supérieure, peuvent ne pas avoir assez de puissance pour la soulever, en surmontant la résistance qu'oppose à ce mouvement, sur les deux joints de rupture qui devraient alors se former, le poids de la partie supérieure de la voûte, la pression produite par les deux parties inférieures et la cohésion des mortiers.

Equation d'équilibre des parties inférieures et supérieures des voûtes.

9. La position du joint de rupture a été déterminée par l'expérience dans certains cas particuliers, et l'on se servira des connaissances acquises sur cet objet comme d'un point de départ pour trouver la position exacte du joint de rupture qui correspondrait au maximum d'action du voussoir supérieur d'une voûte donnée, et que l'on désignera sous le nom de *joint de rupture maximum*.

Soit *bn* (Fig. 4) le joint de rupture indiqué par les expériences connues, pour une demi-voûte quelconque *cs'del*; dans ce cas *bctn* se trouve en être la partie supérieure et *bs'hgn* la partie inférieure.

Pour pouvoir appliquer la formule générale de l'équilibre des voûtes, il faut, dans toutes les hypothèses, déterminer le moment de la partie supérieure et celui de la partie inférieure, relativement aux axes de rotation respectifs n et h.

On supposera au profil de la demi-voûte $cs'hgt$, comme à celui du magasin à poudre de Vauban, un intrados circulaire à plein cintre, et un extrados partagé en deux lignes droites égales et également inclinées sur les côtés pour l'écoulement des eaux, ce profil étant le plus généralement usité dans les constructions militaires : mais la marche et les principes que l'on va suivre pourront être facilement appliqués à toutes les voûtes, quelles que soient leurs dimensions et leurs figures.

On déterminera le volume et la position du centre de gravité du voussoir supérieur $bctn$, en cherchant ces deux quantités pour les volumes réguliers abo et ant. En nommant A le premier volume et B le second, C le bras de levier du volume A relativement à l'axe n, et D celui du volume B, le moment du voussoir supérieur sera égal à $AC - BD$ relativement à cet axe.

Nommant de même E le volume $acs'e'$ duquel on a retranché le volume A, F la distance horizontale de son centre de gravité à la verticale passant par eg et τ l'épaisseur hg du pied-droit qui est ordinairement la quantité à déterminer, le bras de levier des volumes $acs'e'$ relativement à l'arête h sera égal à $F + \tau$, et son moment à $E(F + \tau)$.

Nommant G le volume ane et H la distance horizontale de son centre de gravité à la verticale eg, le moment de ce volume relativement à l'arête h sera égal à $(H + \tau)G$.

Enfin, nommant P la hauteur eg, le volume du pied-droit sera égal à $P\tau$, son bras de levier, relativement à l'arête h, sera $\dfrac{\tau}{2}$ et son moment $\dfrac{P\tau^2}{2}$.

Lorsque le voussoir supérieur $cbnt$ tend à renverser le pied-droit $e'egh$ en le faisant tourner sur son arête h, d'après le principe d'équilibre (II) énoncé (art. 4 et 5), la somme des momens relatifs devant être égale à zéro, on aurait, en supposant égales les densités de tous ces volumes,

$$AC - BD - E(F + \tau) + G(H + \tau) - \frac{P\tau^2}{2} = 0 \qquad (III);$$

si les vitesses virtuelles absolues (art. 4), étaient les mêmes que les vitesses virtuelles relatives; mais cela peut ne pas être, parce que ce mouvement se fait sur deux axes différens, que l'on peut regarder comme des charnières, dont

4

l'éloignement des centres de rotation est constant. Pour en juger, il faut établir le rapport des espaces verticaux parcourus simultanément par les masses, ou le rapport de leurs vitesses virtuelles relatives; c'est ce que l'on va faire d'après les principes établis dans la première partie du Mémoire, et par le secours de la Géométrie seule, afin d'en rendre la démonstration claire aux Ingénieurs auxquels le calcul intégral peut ne plus être familier, et aussi parce que cette manière de traiter la question a donné des résultats nouveaux : elle prouve entre autres géométriquement, que les quantités désignées jusqu'ici sous le nom d'infiniment petits du second ordre sont, dans le cas particulier que l'on a traité, égales à zéro relativement aux quantités du premier; enfin parce que c'est un exemple qui montre combien l'application du principe des vitesses virtuelles au moyen de la Géométrie, d'ailleurs peu usitée, est facile et satisfaisante, en ce que l'esprit suit sans difficulté la marche des quantités qui entrent dans la solution des problèmes.

Soit (Fig. 3) $bdf'lhn$ le profil de la demi-voûte et de son pied-droit, fg le joint de rupture du rein de la voûte, et bd le joint de rupture de la clef. En supposant le terrain et les matériaux non susceptibles de tassement et inaltérables, le point d placé à l'extrados de la clef, est soumis à l'action des deux demi-voussoirs supérieurs opposés, et ne peut décrire un élément vertical di si petit qu'il soit, au lieu de l'élément de cercle do que, s'il était libre, il décrirait dans le même temps avec le rayon dg, sans que le point g décrive un élément quelconque de cercle gr avec le rayon gl, dont la longueur ainsi que la position du point l, sont regardées comme invariables.

On suppose comme précédemment gr et do assez petits pour pouvoir être considérés sans erreur comme des droites perpendiculaires aux rayons dg et gl.

Soit $gr = z$ et $\omega = \dfrac{do}{gr}$, on a $do = \omega z$.

Pour simplifier les calculs on supposera $dg = c$, $ad = v$, $ag = r$, $gu = g$, $lu = u$, $gl = l$ et $cg = cb = x$.

Les triangles dio et gmr composés des verticales di et mr, des horizontales io et gm, et des élémens do et gr perpendiculaires à l'extrémité des rayons dg et gl, qui seraient décrits simultanément, étant semblables aux triangles adg et glu, l'on a $di : do :: ag : dg$;

et
$$di = \left(\frac{do \times ag}{dg} \right) = \frac{r \omega z}{c}. \qquad\qquad \text{(IV)} :$$

l'on a aussi $gr : gl :: mr : lu :: gm : gu$, d'où l'on tire

$$mr = \left(\frac{gr \times lu}{gl}\right) = \frac{\text{H}z}{\text{L}}, \text{ (V) et } gm = \left(\frac{gr \times gu}{gl}\right) = \frac{\text{G}z}{\text{L}}, \qquad \text{(VI)}.$$

Les lignes gd et gl étant invariables se trouvent être les hypothénuses, la première des deux triangles agd et $d'ir$, et la seconde des deux triangles glu lru'; on a donc

$$dg^2 = ad^2 + ag^2 = (ag + gm)^2 + (ad - mr - di)^2 = \text{D}^2 + \text{F}^2$$

$$= \left(\text{F} + \frac{\text{G}z}{\text{L}}\right)^2 + \left(\text{D} - \frac{\text{H}z}{\text{L}} - \frac{\text{F} u z}{\text{C}}\right)^2 = \text{F}^2 + \frac{\text{G}^2 z^2}{\text{L}^2} + \frac{2\text{FG}z}{\text{L}} + \text{D}^2 + \frac{\text{H}^2 z^2}{\text{L}^2} + \frac{\text{F}^2 u^2 z^2}{\text{C}^2}$$

$$- \frac{2\,\text{DH}z}{\text{L}} - \frac{2\,\text{DF}uz}{\text{C}} + \frac{2\,\text{FH}uz^2}{\text{CL}}, \qquad \text{(VII)}.$$

On aura, par les mêmes raisons, pour les triangles glu et lru', $lg^2 = \text{L}^2 = gu^2$

$$+ lu^2 = (gu + mr)^2 + (lu - gm)^2 = \text{C}^2 + \text{H}^2 = \text{C}^2 + \frac{\text{H}^2 z^2}{\text{L}^2} + \frac{2\,\text{GH}z}{\text{L}} + \text{H}^2 + \frac{\text{G}^2 z^2}{\text{L}^2}$$

$$- \frac{2\,\text{GH}z}{\text{L}}; \text{ d'où l'on tire } z^2 = 0 \text{, en observant que } \text{C}^2 + \text{H}^2 = \text{L}^2.$$

En substituant la valeur de z^2 dans l'équation (VII), c'est-à-dire, en supprimant tous les termes dans lesquels se trouve z^2, on a $u = (\text{FG} - \text{DH}) \times \frac{\text{C}}{\text{DFL}}$, valeur de u déterminée d'une manière indépendante de la quantité élémentaire z.

Substituant la valeur de u, dans l'expression de la valeur trouvée précédemment pour di, qui est la vîtesse virtuelle relative du voussoir supérieur, estimée suivant la direction de la force, on a

$$di = z \frac{\text{FG} - \text{DH}}{\text{DL}} \text{ et } \frac{di}{rg} = \frac{\text{FG} - \text{DH}}{\text{DL}}. \qquad \text{(VII)}.$$

Avant de faire usage de la valeur des vitesses virtuelles que l'on vient de trouver, on observera que, dans tous les cas analogues à celui que l'on traite, les arêtes des voussoirs étant supposées indestructibles, le point d ne peut s'abaisser d'une quantité, si petite qu'elle soit, sans que le point g s'élève; une portion du voussoir supérieur tend donc à s'élever et s'oppose à l'abaissement de l'autre.

Pour introduire cette résistance dans l'équation générale, on remarquera que le poids du voussoir supérieur peut être considéré comme divisé en deux parties, l'une qui s'appuie en d et l'autre en g.

Le moment du voussoir supérieur est égal à $AC-BD$ et sa masse à $A-B$; son centre de gravité étant en v, son bras de levier gv' (Fig. 3) relativement à l'axe g est égal à $\dfrac{AC-BD}{A-B} = M$.

Le poids du voussoir supérieur étant réparti sur les points d et g, en raison inverse des distances horizontales du point v' aux points a et g, on a, en nommant S'' la partie de la masse qui s'appuie en d (Fig. 3), $S'' (F-M) = (A-B-S'') \times M$. D'où l'on tire $S'' = (A-B) \times \dfrac{M}{F}$, et mettant pour M sa valeur, on a $S'' = \dfrac{AC-BD}{F}$.

La portion du poids total qui s'appuie en g sera donc $A-B-\dfrac{AC-BD}{F}$:

di étant l'expression de la vitesse virtuelle du point d relativement à l'axe g, estimée suivant la direction de la force, et mr représentant celle du point g, relative à l'axe l, la portion du voussoir supérieur qui repose en d doit être multipliée par $z.\dfrac{FG-DH}{DL}$, et celle qui repose en g' par $z.\dfrac{H}{L}$.

L'expression de la vitesse virtuelle relative de la partie inférieure de la voûte, quand le rayon gl décrit l'élément z, est $\dfrac{Rz}{L}$, en supposant le bras de levier $= R$.

L'expression du moment virtuel absolu de la partie inférieure de la voûte, dans lequel z entre déjà comme facteur, doit donc être en outre multipliée par $\dfrac{z}{L}$, pour avoir celle du moment virtuel relatif; ce moment devient

$$\left[E(F+\Upsilon)-G(H+\Upsilon)+\frac{P\Upsilon^2}{2} \right] \frac{z}{L}, \text{ et l'équation (III),}$$

$$(AC-BD)z.\frac{FG-DH}{DFL} = \left(A-B-\frac{AC-BD}{F} \right) \frac{H}{L} z + \left[E(F+\Upsilon) \right.$$

$$\left. -G(H+\Upsilon)+ \frac{P\Upsilon^2}{2} \right] \frac{z}{L} \qquad\qquad \text{(IX bis).}$$

On aurait pu simplifier dans la théorie l'expression de cette équation ; mais, comme elle a été établie pour être appliquée, on a cru devoir donner une lettre différente à toutes les quantités dont la valeur doit être déterminée séparément.

En observant que $H = R - F + Y$ et en réduisant on a

$$(AC - BD)\frac{G}{D} = (A - B)(R + Y - F) + E(F + Y) - G(H + V) + \frac{PY}{2}, \quad (IX).$$

équation qui est la même que celle de M. Gauthey, qui se trouve page 317 de son *Traité de construction des ponts*, car $AC - BD = \mu\,\dfrac{FQ.DQ}{EQ}$, $\dfrac{G}{D} = \dfrac{KU}{EQ}$, $(A - B)(R + Y - F) = \mu\,KR$ et $E(F + V) - G(H + V) = F + KS$. Le terme PY ne s'y trouve pas, attendu que M. Gauthey, n'a point supposé de pied-droit à la voûte.

En réduisant, en coordonnant relativement à Y et en dégageant on a

$$Y = -\left(\frac{A - B + E - G}{P}\right) \pm$$
$$\sqrt{\left[\frac{G}{D}(AC - BD) - (EF - GH) - (A + B)(R - F)\right]^2 \frac{2}{P} + \left(\frac{A - B + E - G}{P}\right)} \quad (X).$$

On observera que les voûtes, lors de leur décintrement, font toujours un mouvement quelconque; que les arêtes des voussoirs ne sont point indestructibles, comme on l'a supposé, et que d'ailleurs le mortier qui les unit n'ayant pas acquis, lors du décintrement, toute la dureté dont il est susceptible, il faut supposer le point d placé au maximum d'abaissement que l'expérience prouve qu'il peut atteindre à l'extrados des voussoirs.

La marche que l'on vient de suivre pour établir l'équation d'équilibre des parties inférieures et supérieures de la voûte est toute géométrique, au lieu de l'expression *infiniment petits*, en parlant des élémens des courbes, on a employé celle de *assez petits pour pouvoir être considérés comme des lignes droites perpendiculaires à l'extrémité de leurs rayons*, qui paraît plus précise; les résultats ont été les mêmes que si l'on avait procédé d'après les règles du calcul différentiel; ils ont prouvé en outre que z^2, qui représentait ce que l'on appelle un infiniment petit du second ordre était, dans le cas présent, égal à zéro relativement aux quantités élémentaires du premier ordre; résultat que l'on croit avoir été fourni pour la première fois par la Géométrie.

Le calcul différentiel donne d'ailleurs un moyen très-prompt de déterminer le rapport des vitesses virtuelles relatives des parties supérieures et inférieures d'une voûte, dans l'hypothèse qui vient d'être suivie.

Soit *bd* (Fig. 5) la verticale passant par le point *d*, extrados du joint de rupture à la clef, et *eg* une perpendiculaire à la ligne *gl* tirée du centre de rotation *g* de la partie supérieure de la voûte au centre de rotation *l* de la partie inférieure.

Nommant ε l'angle *deg*, m et n les côtés *de* et *eg* du triangle *deg* dont le côté *dg* est, comme on l'a vu, supposé égal à c, on a d'après les propriétés des triangles, qui ne renferment ni angle obtus ni angle droit:

$$c^2 + m^2 + n^2 - 2\,nm \cdot \cos \varepsilon = 0 \qquad\qquad (XI)$$

En supposant m et n variables, *dg* restant le même, une de ces quantités augmente tandis que l'autre diminue : supposons que n augmente, alors *eg* devient *er* et *de* devient *ci*; différentiant l'équation et réduisant, on trouve

$$\frac{dm}{ds} = \frac{n - m\cos\varepsilon}{m - n\cos\varepsilon} = \frac{gp}{ad} = \frac{di}{gr}.$$

gs étant le prolongement de *dg*, les triangles *adg* et *gus* sont semblables. On a donc *dg* : *ad* :: *gs* : *gu* ou c : D :: *gs* : G et $gs = \dfrac{FG}{D}$. On trouve de même $us = \dfrac{FG}{D}$ et $ls = us - lu = \dfrac{FG - DH}{D}$; *lu* étant égal à H.

Au moyen des triangles semblables *gls* et *dfg* on a $df = \dfrac{FG - DH}{G}$; abaissant la perpendiculaire *dm*, sur le prolongement *gl*, on a les deux triangles semblables *dfm* et *glu* desquels on déduit $dm = gp = \dfrac{FG - DH}{L}$, et $\dfrac{DI}{GR}$ ou $\dfrac{dm}{ds} = \dfrac{FG - DH}{DL}$, comme on l'a trouvé précédemment (VIII); $\dfrac{di}{gr}$ étant égal à $\dfrac{gp}{ad}$, on voit que ce rapport pourrait être déterminé graphiquement.

Ce rapport a été trouvé le même par MM. Lagrange et Gauthey, et il est donné par les résultats du calcul différentiel et ceux de la Géométrie: il doit donc être regardé comme un élément fondamental de l'équation de l'équilibre des voûtes, dans l'hypothèse précédente.

L'équation (IX) se réduit d'ailleurs à avoir *le produit du moment absolu du voussoir supérieur par la hauteur verticale de l'intrados du joint de rupture* g, *au-dessus de la surface supérieure des fondations* lh, *divisé par la distance verticale de ce point* g *à l'extrados* d, *égal au moment absolu de la partie inférieure et à celui de la masse du voussoir supérieur supposée réunie en* g (*Fig.* 3), *relativement à l'arête extérieure du pied-droit.*

On a vu (art. 4), ce que l'on entend par moment absolu.

Les momens des voussoirs supérieurs et inférieurs des voûtes, ayant pour facteurs des arcs de cercle, on ne peut se servir des principes du calcul différentiel pour déterminer le joint de rupture maximum : ce n'est donc que par tâtonnement que l'on y parvient ; mais comme les élémens des voussoirs ont une épaisseur déterminée et que la rupture ne peut, quand les matériaux sont ce qu'ils doivent être, avoir lieu que sur un joint, en partant des connaissances acquises par l'expérience sur la position du joint de rupture, il suffira, le plus souvent, d'établir l'équation d'équilibre pour ce joint et pour les deux joints voisins, pour obtenir le résultat que l'on cherche.

En supposant constantes toutes les dimensions de la demi-voûte, ainsi que la hauteur du pied-droit, on ne pourrait, en faisant varier le joint de rupture, établir dans tous les cas, l'équilibre résultant de l'équation (IX), si l'on ne considérait l'épaisseur du pied-droit comme variable ; car cette équation peut être représentée, comme l'a fait M. Navier, dans la nouvelle édition de la *Science des Ingénieurs* de Bélidor, par $p_\varphi \dfrac{y'}{y} - px' = Q_\varphi'$ en supposant y et y' égaux aux distances verticales de l'intrados du joint de rupture du rein de la voûte, à l'arête extérieure du pied-droit, et à l'extrados du joint de rupture de la clef, p égal à la masse du voussoir supérieur, φ à son bras de levier, x à la distance horizontale du point g (Fig 3) à l'axe l, Q à la masse de la partie inférieure de la voûte et φ' à son bras de levier.

Quand la valeur $p_\varphi \dfrac{y'}{y}$ augmente ou diminue en faisant varier le joint de rupture, Q_φ' doit nécessairement pouvoir varier ; autrement, ce serait supposer que Px' a augmenté ou a diminué de la même quantité que $p_\varphi \dfrac{y'}{y}$, proposition que l'on ne voit pas le moyen de démontrer.

Équation d'équilibre dans le cas où l'action latérale de la poussée tend à faire glisser la partie inférieure de la voûte, sur la surface des assises de maçonnerie ou de la fondation.

10. L'équation d'équilibre dans le cas où l'action latérale de la poussée tend à faire glisser la partie inférieure de la voûte sur la surface des assises ou des fondations, se déduit facilement de l'équation générale (IX *bis*) de l'article précédent.

Le premier membre es ttoujours $(AC - BD) \, z \, \dfrac{FG - DH}{DFL}$; mais la vitesse virtuelle du second est représentée par l'élément $gm = \dfrac{G}{L} \times z$; la masse de la partie de la voûte et du pied-droit qui repose sur l'assise ou sur la surface des fondations, étant $A - B - \dfrac{AC - BD}{F} + E - G + PY$, et nommant r la résistance de la cohésion du mortier sur une unité de surface, S la surface de la fondation ou de l'assise et $\dfrac{1}{p}$ le rapport de la pression à la résistance qu'elle produit sur l'unité de la surface de l'assise ou des fondations, l'équation (IX *bis*) devient, dans cette hypothèse,

$$(AC - BD) \, z \, \frac{FG - DH}{DFL} = \left[Sr + S_p \left(A - B - \frac{AC - BD}{F} + E - G + PI \right) \right] \frac{GZ}{L},$$

d'où l'on tire

$$(AC - BD) \frac{FG - DH}{DFG} = Sr + S_p \left(A - B - \frac{AC - BD}{F} + E - G + PI \right) \qquad (XII).$$

Quand le revêtement est censé se mouvoir sur la surface des fondations, la quantité Sr s'évanouit.

On ne connaît aucune expérience relative à l'effet de la pression sur une surface unie à une autre par la cohésion dans un solide homogène, ni sur l'influence que peut avoir, sur cette résistance, la vitesse virtuelle ; plus ou moins grande que la puissance tend à lui communiquer, soit que la verticale, passant par le centre de gravité de la pression, passe ou ne passe pas par le centre de gravité de la surface de rupture. On a supposé, dans l'équation, cette résistance proportionnelle à la vitesse virtuelle, comme quelques expériences de M. Rondelet, sur la rupture des solides, tendent à le faire croire.

On a pensé jusqu'ici que l'on pouvait appliquer les lois de la résistance qui est produite par la pression sur deux surfaces distinctes, et que l'on a désignée sous le nom de frottement, à celle que la pression produit sur la surface de cohésion qui unit les élémens d'un corps homogène dans l'instant où celle-ci est détruite. Nous pensons qu'il y a trop de différence dans ces deux cas, pour pouvoir déduire avec justesse de l'effet qui arrive dans l'un celui qui doit arriver dans l'autre, sans que l'expérience ait prononcé. Les résultats qu'elle donnerait intéresseraient également la solution des questions relatives à la poussée des voûtes et à celle des terres.

Le mouvement de glissement de la partie inférieure des voûtes paraît d'ailleurs facile à éviter, en laissant toujours saillir quelques portions de chaque assise dans l'assise supérieure, au lieu de les arraser, et en inclinant leur lit de manière à ce qu'elles ne puissent sortir de leur base sans s'élever. Ces deux procédés sont indiqués par M. Gauthey.

M. Gauthey, en faisant observer (pag. 324), combien les dimensions que l'on trouve par la théorie, diffèrent encore de celles qui sont ordinairement employées, cherche à expliquer cette contradiction en considérant, 1°. que le pied-droit ne pourrait se mouvoir sur son arête, comme on l'a supposé, et que celle-ci serait, sans contredit, détruite par le poids qu'elle aurait à supporter; 2°. que l'équation suppose le terrain incompressible, condition qu'il regarde (pag. 325) comme très-difficile à remplir exactement.

Cette première considération doit engager, sans nul doute, à augmenter assez la résistance de la partie inférieure de la voûte pour empêcher la possibilité, même du plus petit mouvement, sur les arêtes des joints de rupture; quant à la seconde, on pense qu'en remplissant une nouvelle condition de stabilité plus indispensable que celles qui sont déjà reconnues comme essentielles, la compressibilité du terrain et du mortier qui est presque générale, ne sera plus une cause de la ruine des voûtes, et qu'elle concourra, au contraire, à assurer leur stabilité. Cette condition est commune à la poussée des voûtes et à celle des terres; elle se trouve remplie par les profils adoptés par Vauban, pour les revêtemens et les magasins à poudre; et l'on a reconnu que, sur le terrain vaseux de Marsal, les constructions établies d'après les principes de ce grand homme, sont les seules qui n'aient point éprouvé de désunion.

Cette nouvelle condition n'ayant pas encore été prescrite ni appliquée, on a vu des culées peu considérables résister dans les terrains incompressibles; mais, dans ceux qui ne l'étaient pas, c'est-à-dire dans presque tous, il a fallu des culées beaucoup plus épaisses, et les Ingénieurs n'ayant pas soumis au calcul la cause de ces variations, ont dû adopter des règles plus ou moins incertaines.

Nouvelle condition indispensable pour la stabilité des voûtes. Manière d'établir l'équation d'équilibre qui en dérive.

11. Toutes les dimensions d'une voûte et de ses pied-droits étant déterminées de manière à empêcher le mouvement horizontal des assises et celui de la rotation sur l'arête l (Fig. 3), il faut encore, pour en assurer la stabilité, empêcher quand le terrain est susceptible de tassement, qu'un mouvement de rotation ne puisse se faire sur l'arête p parce qu'alors q pourrait descendre en q', et des lignes de rupture se former en $f'g'$ et en bd, comme quand le mouvement a lieu sur l'axe l. Cette rupture arriverait, comme on l'a déjà dit (art. 8), dans les terrains compressibles ; si le moment de la pression latérale de la partie du voussoir supérieur qui repose en d, qui tend à faire décrire au rayon $g'p$ l'élément $g'r'$, et par conséquent à faire incliner la surface des fondations sur l'arête q, était plus grand que la somme des momens des pressions latérales opposées, provenant de la portion du même voussoir qui s'appuie en g, et de la partie inférieure de la voûte ; il faut donc déterminer ces différeus momens pour pouvoir établir l'équation d'équilibre qui doit empêcher toute inclinaison de la demi-voûte sur la surface de ses fondations

Pour rendre palpable la manière dont on peut, dans ce cas, appliquer le principe des vitesses virtuelles en n'employant que les principes de la Géométrie, comme on l'a fait dans les articles précédens, en observera que l'on peut considérer, sous le rapport de l'enfoncement qu'il doit éprouver, une masse de maçonnerie placée sur un terrain compressible homogène, comme un corps flottant sur un fluide, dont la densité serait telle que cette masse s'enfoncerait également dans tous deux, en faisant abstraction de la pression latérale de ce fluide, que le terrain n'exerce pas.

En outre un corps dont on aurait, d'après les principes de stabilité des corps flottans, déterminé la position relativement à un fluide *quelconque*, la conserverait, à plus forte raison, sur des terrains compressibles et homogènes, puisque leur résistance à la pression augmente en raison progressive de l'enfoncement du corps qui en refoule les élémens, tandis que celle des fluides n'augmente qu'en raison proportionnelle.

D'après la première condition de stabilité généralement reçue, la masse d'un corps flottant, pour être stable, doit être égale à celle du fluide qu'il a déplacé en s'y enfonçant, et d'après la seconde, le centre de gravité de la masse de ce fluide et celui de la masse du corps flottant, doivent se trouver dans la même verticale.

Soit un corps *cabdfe* (Fig. 6), dont les profils se voient (Fig. 7 et 8), ayant une base horizontale quelconque à faces latérales verticales et terminée par des lignes droites comme la surface des fondations des magasins à poudre ou des revêtemens de Vauban : supposons cette base chargée d'un poids mobile L permettant de porter le centre de gravité total du système dans des verticales passant par différens points donnés de cette base.

Supposons aussi ce corps flottant sur un fluide d'une densité telle, que quand la base de ce corps s'incline sur une arête, par exemple de p en p' par l'action de la masse flottante, tandis que l'arête opposée q reste à la surface du fluide, l'espace pp' parcouru que l'on supposera égal à un, puisse être considéré comme perpendiculaire au rayon pq.

De ces hypothèses et des principes sur la stabilité des corps flottans, on déduira les cinq corollaires suivans :

1°. Quand le corps flottant s'enfonce dans le fluide sans s'incliner, le centre de gravité de la masse du fluide déplacé se trouve dans la même verticale que celui z de la base de ce corps, puisque le volume du fluide déplacé peut être considéré comme composé de tranches parallèles, formées successivement par cette base pendant son enfoncement, et réciproquement quand la verticale passant par le centre de gravité de la masse du système flottant, passe aussi par celui z de la base de ce système, celui-ci s'enfonce dans le fluide sans s'incliner d'aucun côté jusqu'à ce que la masse déplacée soit égale à la masse flottante.

2°. Si la verticale passant par le centre de gravité du système flottant, passe en même temps par le centre de gravité ʍ ou ᴋ de la masse du fluide déplacé pqq' ou $pp'q$ (Fig. 7), égale à celle de ce système, et dont on suppose les arêtes p ou q sur toute leur longueur à la surface du fluide, il y aura encore stabilité, puisque les deux conditions en sont remplies par l'hypothèse même.

Pour distinguer l'immersion sans inclinaison de celle avec inclinaison, on désignera dorénavant les volumes déplacés pqq' ou qpp', sous le nom de prismes d'immersion.

3°. Si la verticale passant par le centre de gravité du système flottant tombe entre le centre de gravité м ou к des prismes d'immersion pqq' ou $pp'q$, et celui z de la base de ce système, celui-ci s'enfoncera, et s'inclinera en même temps sur cette base, puisqu'on peut supposer la masse du système flottant décomposée en deux autres, agissant verticalement l'une sur le centre de gravité z de la base, et l'autre sur celui к ou м du prisme d'immersion ; ces masses seraient entre elles en raison inverse de la distance horizontale de ces deux centres à la verticale passant par le centre de gravité de la masse totale, et d'après les deux axiomes précédens, la première doit faire enfoncer verticalement le corps dans le fluide et la seconde le faire incliner.

4°. Si la verticale passant par le centre de gravité de la masse flottante tombe entre le centre de gravité м du prisme d'immersion pqq' et l'arète q plongée dans le fluide, ou en dehors de cette arète, le corps flottant étant supposé libre, l'arète opposée p sortira du fluide, puisque la seconde condition de stabilité n'étant point remplie, l'équilibre sous ce rapport se trouve rompu en faveur de l'arète immergée q : il le serait en faveur de l'arète p, si la même verticale tombait entre le centre de gravité к du prisme $pp'q$ et cette arète.

5°. Dans le cas précédent, si l'on place sur l'arète p ou q une masse s ou к telle que son moment relatif au centre de gravité м ou к du prisme d'immersion pqq' ou $pp'q$, soit égal à celui de la masse flottante, l'un des prismes d'immersion se formera ayant son arète p ou q à la surface du fluide (corollaire second).

Les expériences que l'on a faites ont confirmé l'exactitude des cinq corollaires précédens.

L'action latérale de la partie de la masse du voussoir supérieur qui repose en d (Fig. 3), et qui est égale à $S'' = \dfrac{AC - BD}{F}$ (art. VII) a lieu sur la partie inférieure de la voûte en g' et éloignerait ce point suivant $g'r'$, comme on l'a dit (art. VIII et IX), dans le même temps que cette partie descendrait verticalement suivant di ; supposant en g' une force S' agissant en sens opposé de la direction $g'r'$, elle sera en équilibre avec la force S'', si elle est égale à $S'' \times \dfrac{di}{g'r'}$, l'action de S'' estimée en g' est donc égale à $S'' \dfrac{di}{g'r'} = S'$.

En représentant le rayon pg' par L, le moment de cette puissance relativement à l'axe p sera S'L ; sa direction étant $g'r'$ perpendiculaire au rayon pg', n'a aucune action suivant pg', et par conséquent ne tend qu'à faire tourner le pied-droit sur son arête p; cette action est donc la même que si en portant pg' en pg'' on appliquait en g'' une force verticale égale à S'.

D'après les principes posés au commencement de cet article, la verticale passant par g'' étant plus éloignée de l'axe p que le centre de gravité μ du prisme d'immersion pqq', l'action de la puissance S' ferait enfoncer l'arête q et élever au-dessus de la surface du fluide l'arête p.

La résistance que l'on nommera Q se compose de la partie du voussoir supérieur qui s'appuie en g', et qui est égale à $A - B - \dfrac{AC - BD}{E}$, de la masse du voussoir inférieur $= E - G$ et enfin de la partie du pied-droit qui tend seulement à le faire incliner s'il en existe; on la supposera égale à PI, P étant la hauteur du pied-droit et I une certaine partie de son épaisseur. On suppose cette partie des pied-droits connue et indépendante de cette épaisseur.

En représentant l'épaisseur pq de la surface inférieure des fondemens du pied-droit par T, et par $\pm\varphi$ quantité positive ou négative, la distance horizontale du centre de gravité de la résistance Q à l'arête intérieure des fondations p, $T + \varphi$ sera le bras de levier de la résistance Q relativement à l'arête extérieure q. Dans le cas d'équilibre $T + \varphi$ doit être plus grand que la distance de l'arête q au centre de gravité K du prisme d'immersion $pp'q$: dans cette hypothèse l'action de la résistance ferait enfoncer l'arête p dans le fluide et soulever l'arête q hors de sa surface.

La puissance S et la résistance Q agissent donc d'une manière opposée sur les arêtes p et q; d'après le cinquième corollaire, s'il y avait successivement sur ces arêtes des masses s et N (Fig. 7), dont les momens relatifs aux centres de gravité K et M des prismes d'immersion $pp'q$ et pqq' seraient égaux à ceux des masses S' et Q, alors ces prismes d'immersion auraient lieu tour à tour.

La puissance S' et la résistance Q empêchant les arêtes p et q de sortir du fluide, une portion de la masse de chacune produit le même effet que les masses s et N; on peut donc considérer la masse de la puissance S', comme composée de deux autres, l'une N répondant à l'arête q, et l'autre o agissant à une distance indéterminée de q, et la masse de la résistance Q comme aussi composée de deux autres, l'une s agissant verticalement sur l'arête p, et l'autre T à une distance aussi indéterminée du point q.

La résultante des masses N et T, et celle des masses s et o, doivent en outre, conformément au deuxième corollaire, pour former les prismes d'immersion pqq' et $pp'q$, passer par les centres de gravité de ces prismes.

Enfin pour qu'il y ait immersion sans inclinaison, il faut que le côté pp' du prisme d'immersion qpp' soit égal à celui qq' du prisme opposé, parce qu'alors la masse totale déplacée étant $pp'qq'$, puisque la partie commune $pz'q$ est égale à la partie $p'z'q'$, et a son centre de gravité dans la même verticale, le centre de gravité de cette masse se trouve dans la même verticale que le centre de gravité de la surface des fondations.

On nommera x et x' les bras de leviers inconnus des forces o et τ, relativement aux axes p et q, $\kappa\tau$ et $\mu\tau$, les distances κq et μp de ces centres aux arêtes q et p, $\varpi\tau$ et $\varsigma\tau$ les distances des arêtes p et q au centre de gravité de la surface des fondations, en supposant ces quatre dernières quantités déterminées en fonction de τ.

Pour qu'il y ait enfoncement sans inclinaison, d'après les principes que l'on vient de poser, l'on doit avoir :

$1^{\circ}.\quad \kappa + o = S' . s + \tau = Q.$

$2^{\circ}.\quad \kappa\tau + o x = LS' . s\tau + \tau x' = Q(\tau + \varphi).$

$3^{\circ}.\quad \kappa \times \kappa\tau = \tau(x' - \kappa\tau) . s \times \mu\tau = o(x - \mu\tau).$

$4^{\circ}.\quad (\kappa + \tau)(\kappa\tau - \varsigma\tau) = (s + o)(\mu\tau - \varpi\tau).$

Ces sept équations renferment sept inconnues qui toutes peuvent être déterminées suivant le besoin, en ayant la valeur des six autres : en dégageant τ qui est la quantité qu'il importe le plus souvent de connaître, on a

$$\tau = \frac{(LS' - Q\varphi)(\kappa - \varsigma + \mu - \varpi)}{(S' + Q)(\kappa\varpi - \mu\varsigma + \mu - \varpi)}; \qquad (\text{XIII}).$$

d'où l'on tire pour le cas d'équilibre entre les momens de la résistance et de la puissance

$$LS'(\kappa - \varsigma + \mu - \varpi) - S'\tau(\kappa\varpi - \mu\varsigma + \mu - \varpi)$$
$$= Q\varphi(\kappa - \varsigma + \mu - \varpi) + Q\tau(\kappa\varpi - \mu\varsigma + \mu - \varpi) \qquad (\text{XIV}).$$

Quand la surface de la fondation est un parallélogramme, $\mu = \kappa$ et $\varpi = \varsigma$ et l'équation devient

$$\tau = \frac{2LS' - 2Q\varphi}{S' + Q}; \qquad (\text{XV}).$$

dans ce cas on parviendrait bien plus facilement à ce résultat, car en dernière analyse ; l'énoncé général de la condition d'équilibre de pression latérale, c'est qu'il faut que la résultante des pressions établies d'après la manière réelle dont elles agissent, passe par le centre de gravité de la surface des fondations : quand la figure des fondations est irrégulière, ou n'a pas trouvé d'autre moyen d'établir d'une manière certaine les équations nécessaires pour remplir cette condition, que d'employer les principes de stabilité des corps flottans, après avoir déterminé la valeur des pressions latérales ; mais quand la surface des fondations est un parallélogramme, pour que la résultante des forces S' et Q passe par le centre de gravité z des fondations,

pz étant égal à qz et à $\dfrac{Y}{2}$, il suffit d'avoir $S' \times L - \dfrac{Y}{2} = Q \times \left(\dfrac{Y}{2} + \varphi \right)$; d'où l'on tire $\dfrac{2LS' - 2Q\varphi}{S' + Q} = Y$ ce qui revient à l'équation (XV).

Lorsque la condition de stabilité relative à l'action des pressions latérales sur la surface des fondations est remplie, elle l'est à plus forte raison sur celle des assises des pied-droits, dans les profils des voûtes en usage, parce que plus ces assises sont élevées, plus le moment de la pression latérale dont la hauteur du pied-droit du facteur diminue, tandis que le moment de la pression latérale opposée perd de son intensité dans une moins grande proportion.

Cette condition de stabilité produit en outre, relativement à l'arête q un moment relatif de résistance plus considérable que celui de la poussée, quand la masse de la partie inférieure de la voûte et d'une partie du voussoir supérieur est égale ou plus considérable que celle de la portion du voussoir supérieur qui s'appuie en d (art. 9). En effet, en supposant que la surface des fondations soit un parallélogramme rectangle, l'équation d'équilibre de la pression latérale est

$$F\,S'' \left(\dfrac{G}{D} - \dfrac{H}{F} \right) \dfrac{1}{L} \left(L - \dfrac{Y}{2} \right) = Q \left(\varphi + \dfrac{Y}{2} \right)$$

et l'équation d'équilibre relative à l'arête extérieure des fondations q est

$$F\,S'' \left(\dfrac{G}{D} - \dfrac{H}{F} \right) = Q \left(\varphi + Y \right).$$

Ces deux équations différant en ce que φ est plus grand dans la seconde que dans la première, et que Qy est augmenté de la partie de la masse du pied-droit dont le centre de gravité se trouve dans la même verticale que celui de la surface des fondations, et en ce que les deux membres sont dans

la seconde multipliés par la quantité $+ \dfrac{Y}{2}$.

Il s'ensuit qu'à égalité de masse, lorsqu'il y a équilibre dans la première équation, le moment de la résistance dans la seconde est plus considérable que celui de la puissance, et que cela a lieu à plus forte raison quand la masse de la résistance est plus grande que celle de la puissance, comme on l'a toujours trouvé dans les profils usités. On voit donc que généralement l'établissement de l'équilibre de pression latérale sur la surface des fondations rend superflu celui qui est relatif à l'arête extérieure q, dans les terrains compressibles, et que cette première condition de stabilité est la plus essentielle, puisqu'elle suppose, relativement à cette arête, un moment de résistance beaucoup plus considérable que celui de la puissance.

Application des formules (XIII et XIV) *de l'article précédent.*

12. On a (art. 9 et 11)

$$S'=S''\,\frac{di}{g'R}\times L,\quad S''=\frac{AC-BD}{F}\quad\text{et}\quad\frac{di}{g'r'}=\frac{FG-DH}{DL},$$

$$Q_\prime=\left(A-B-\frac{AC-BD}{F}\right)\times(R'-F)+EF-GH+IJP.$$

et $Q=A-B-\dfrac{AC-BD}{F}+E-G+IP$: R' représente la distance horizontale du milieu de la voûte à l'arête intérieure des fondations ; PI est une quantité quelconque du pied-droit et J son bras de levier relatif à cette arête (art. 11) ; l'équation (XV) devient alors

$$Y=\frac{2\,\dfrac{AC-BD}{F}\times\dfrac{FG-DH}{D}-2\left[\left(A-B-\dfrac{AC-BD}{F}\right)(R'-F)+EF-GH+IJP\right]}{\dfrac{AC-BD}{F}\times\dfrac{FG-DH}{DL}+A-B-\dfrac{AC-BD}{F}+E-G+PI}$$

et l'équation (XIV) devient

$$\left(\frac{AC-BD}{F}\times\frac{FG-DH}{D}\right)(K-J+M-N)-\left(\frac{AC-BD}{F}\times\frac{FG-DH}{DL}\right)Y(KJ-MJ+M-N)$$

$$=\left[\left(A-B-\frac{AC-BD}{F}\right)(R'-F)+EF-GH+IJP\right](K-J+M-N)$$

$$+\left(A-B-\frac{AC-BD}{F}+E-G+PI\right)Y(KJ-MJ+M-N)$$

En substituant aux lettres, les valeurs résultantes des calculs qui se trouvent dans une note de l'ouvrage de M. Gauthey (tom. 1er., pag. 332), pour une voûte de 30 mètres d'ouverture, ayant 1m,50 d'épaisseur au sommet, extradossée de niveau et surbaissée au tiers, et celles qui résultent des dimensions fixées par Vauban, pour les magasins à poudre, on a

EXPRESSIONS générales des Quantités.	VOUTE de 30 mètres d'ouverture.	MAGASIN à poudre de VAUBAN.
$A - B =$	mèt. 42,212	942,975
$\dfrac{AC - BD}{F} =$	13,2762	481,31
$L =$	7,009	22,774
$\dfrac{FG - DH}{D} =$	10,308	14,0756
$A - F =$	2,39	3,136
$E - G =$	12,71	1120,455
$EF - GH =$	9,154	2892,0066
$K =$	»	$\dfrac{9,3048}{13,50}$
$M =$	»	$\dfrac{8,0499}{13,50}$
$N =$	»	$\dfrac{7,6305}{13,50}$
$O =$	»	$\dfrac{5,8695}{13,50}$

Substituant ces valeurs dans l'équation (XV), on a

$$Y = 1,9160.$$

La valeur trouvée pour Y est à peu près double de 0m,993, trouvés par M. Gauthey (pag. 334), d'après l'équation X; il résulte donc des équations

(XIV et XV), comme on l'a dit dans l'article précédent, un moment de résistance relativement à l'arête *l*, beaucoup plus considérable que celui de la puissance; et l'observation des conditions d'équilibre de ces équations remplit à plus forte raison celles de l'équation X.

Ce n'est point l'équilibre, mais la stabilité qu'il faut établir; les matériaux n'ont pas toute la perfection qu'on leur suppose; lors du décintrement, le voussoir supérieur acquiert une vitesse réelle au lieu de la vitesse virtuelle, sur l'hypothèse de laquelle est établie l'équation; enfin plus les voûtes sont surbaissées, plus le mouvement qui a lieu lors du décintrement est considérable; il faut donc un excédant de résistance: en ajoutant moitié en sus aux dimensions trouvées pour l'épaisseur du pied-droit dans l'équation (XIV), on a les dimensions usitées dans la pratique. La grande différence qui se trouve entre ces dernières et celles qui résultent de l'ancienne théorie, aurait dû faire soupçonner depuis long-temps, que les équations dont on les a déduites, ne renfermaient pas toutes les conditions indispensables de stabilité.

Application de la formule (XIV) *aux magasins à poudre de Vauban.*

13. Les magasins à poudre de Vauban offrent un excédant de pression latérale sur l'arête intérieure, qui, réuni à la résistance produite par la cohésion des maçonneries, les met à même de résister sans se désunir, à la chute des bombes; d'après l'équation (XIV), cet excédant est facile à calculer; on trouve, dans le tableau de l'article précédent, la valeur des quantités qui entrent dans cette équation.

Pour les établir, on a supposé au magasin à poudre de Vauban, 25 pieds métriques de diamètre, 8 pieds d'épaisseur et de hauteur de pied-droit, 8 pieds d'épaisseur à la clef, et 3 pieds d'épaisseur à la portion de la voûte qui correspond au rayon, qui fait avec l'horizontale un angle de 50°. décimaux, avec des contre-forts de 6 pieds de largeur sur 4 pieds de longueur, espacés de 18 pieds de milieu en milieu, et enfin des fondations de 6 pieds de profondeur, ayant intérieurement une retraite de 3 pouces, et extérieurement une retraite de 15 pouces; on a trouvé que le joint de maximum de rupture est à peu près dans le prolongement du rayon, faisant avec l'horizontale un angle de 48°. En supposant l'extrados du joint de rupture placé à la sommité de la voûte, au-dessus du milieu de la clef, on a trouvé que sur ce point le maximum d'action d'une bombe, dont une partie est absorbée par la résistance due à la cohésion de la maçonnerie qu'elle pénètre, et par le massif de 29 pieds de longueur qu'elle doit parcourir, avant d'arriver à la surface des fondations, devait, relativement à cette surface, être évaluée à 2,600 kilogrammes, c'est-à-dire, à plus de vingt-six fois le poids d'une bombe ordinaire par pied courant de longueur. On a supposé le pied cube de maçonnerie pesant 70 kilog.

En supposant les contre-forts placés en dedans, et le massif du pied-droit en dehors, sans rien changer aux autres dimensions du magasin, de manière que l'arête extérieure *ef* (Fig. 6) des fondations vienne remplacer l'arête *ab*, ce seul changement produit d'après la formule (XIV) environ un huitième de diminution, dans le moment de la puissance qui tend à renverser le pied-droit. Pour racheter les inégalités de charge qu'éprouverait alors la surface des fondations, on propose d'employer les talus qui font passer insensiblement d'une charge plus considérable à une moindre, et de donner aux fondations des magasins à poudre la forme indiquée (Fig. 9 et 10) : la distance des contre-forts entre eux est la même que celle du profil de Vauban, et des pyramides *a b c* et *d' b' c'* (Fig. 9 et 10) augmentent insensiblement la largeur des contre-forts, jusqu'à ce qu'elles rencontrent le parement intérieur du pied-droit.

Ces pyramides se terminent à 6 pouces au-dessus du plancher des magasins, et permettent de placer dans l'entre-deux des voûtes intérieures, lambrissées en bois goudronné, si on le juge nécessaire, une rangée de barils engerbés à trois de hauteur, comme dans le reste du magasin, et par conséquent un tiers de plus de poudre, ce qui diminuerait ainsi d'un tiers la dépense de ces établissemens.

Les changemens que l'on vient d'indiquer diminueraient en outre la valeur du moment de la puissance, produite par la portion du voussoir supérieur qui s'appuie en *d* (Fig. 3) ; il y a donc économie dans la dépense, et un moment de résistance relatif plus puissant dans le profil que nous proposons.

On finira par une observation que la nature des équations (XI et XII) a suggérée ; quand on augmente la largeur des retraites intérieures des fondations, toutes les autres dimensions restant les mêmes, r' et la valeur de L diminuent, et par conséquent l'action latérale du voussoir supérieur augmente : les retraites intérieures augmentent donc l'épaisseur à donner aux pied-droits, sans que l'on puisse en désigner les avantages.

Les retraites extérieures qui, toutes choses égales d'ailleurs, n'influent point sur cette action latérale, qui augmentent au contraire le bras de levier de la pression latérale opposée, et qui font qu'une portion du pied-droit sert alors à en augmenter l'action, sont donc tout à l'avantage de la résistance et de l'économie; elles doivent donc être aussi larges que la nature des matériaux et les circonstances le permettent, tandis que les retraites intérieures doivent être réduites au minimum.

La découverte de la nouvelle condition de stabilité supplée donc à toutes les autres dans les terrains ou avec des matériaux compressibles; elle donne les moyens de réunir l'économie à la stabilité, elle fait disparaître le *non sens* assez commun en fait de construction, qui fait donner aux retraites intérieures d'un pied-droit la même largeur qu'à la retraite extérieure, quand les premières doivent être réduites au minimum et les dernières portées au maximum.

SECTION III.

Application du principe des vitesses virtuelles à l'équation d'équilibre des revêtemens et des terres qui leur sont adossées.

Sommaire de la troisième partie.

14. L'HYPOTHÈSE et les principes suivis par M. Coulomb, dans l'établissement de l'équation d'équilibre des revêtemens et des terres qui leur sont adossées, quand ceux-ci résistent en tournant sur leur arête extérieure, sont encore généralement admis. Cependant des faits bien constatés, par les expériences de M. Mayniel, ont prouvé que les hypothèses dont ce savant distingué était parti, n'étaient point d'une application générale, et le peu de faits qui sont connus sur la loi que suit la résistance produite par la cohésion des terres, ne paraît pas légitimer suffisamment l'expression qui a été supposée à cette résistance dans l'équation adoptée par M. Coulomb : enfin ce n'est qu'après avoir établi le maximum de la puissance qu'il a cru devoir en déterminer le bras de levier, ce que l'on ne croit pas conforme à ce qui doit être dans l'hypothèse d'un remblai cohérent.

Les changemens que l'on croit nécessaire de faire aux hypothèses sur lesquelles est fondée l'équation de M. Coulomb, donnant des résultats d'une différence peu notable, cette équation aurait été jusqu'ici sans danger pour la stabilité des constructions, si elle en avait renfermé toutes les conditions indispensables, et si elle n'avait pas induit à considérer l'action de la poussée, d'une manière erronée ; mais dans la poussée des terres, comme dans celle des voûtes, quand le terrain est compressible, un excédant de pression latérale sur la demi-surface intérieure, ou au moins son équilibre sur la surface totale des fondations, est une condition de stabilité qui n'est pas moins indispensable dans les deux cas, et à laquelle on n'avait pas encore eu égard avant 1816, époque où elle fut indiquée comme essentielle, par l'auteur de ce mémoire, dans un travail adressé à Son Excellence le Ministre de la Guerre.

Elle se trouve remplie par le profil des revêtemens de Vauban, et elle explique toutes les avaries qui sont arrivées depuis 3o ans aux revêtemens des places de guerre, quand on a voulu la négliger : enfin elle donne le moyen de déterminer un nouveau profil de revêtement qui, à une dépense moins considérable, réunit les avantages des revêtemens de Vauban, sans avoir comme eux l'inconvénient de la dégradation prompte du parement extérieur, provenant du grand talus qu'on lui a donné.

Tel est le sommaire des différentes propositions que l'on va développer successivement.

Equation adoptée par M. Coulomb.

15. M. Coulomb a présenté en 1773, à l'académie des sciences de Paris, un mémoire ayant pour titre *Essai sur une application des règles de maximis et de minimis à quelques problèmes de statique relatifs à l'architecture.* Il a été imprimé la même année dans le recueil des ouvrages présentés à l'académie par des savans étrangers (Tome VII.)

D'après les hypothèses de ce savant (pag. 357 et 359), la cohésion et le frottement s'opposeraient simultanément au mouvement des solides de maximum de poussée, qui tendent à renverser les murs de revêtement adossés au remblai dans lequel ces solides sont supposés se former : dans une masse de terre homogène, la cohésion serait égale dans tous les élémens du remblai et proportionnelle à la surface de rupture ; enfin la ligne de rupture des solides de poussée et du remblai étant, comme l'expérience l'a prouvé, une ligne droite, le profil de ces solides fgx (Fig. 12) est triangulaire et par conséquent a la forme d'un coin, et il agit sur toute leur hauteur fg que l'on représente par n, contre le parement intérieur des revêtemens.

Il cherche ensuite par la méthode *de maximis* et *de minimis* la largeur supérieure ou base de prisme triangulaire $fx = x$, qui produit le maximum d'effet, en supposant que le mouvement de translation du revêtement ne peut avoir lieu, et que l'effet de la poussée tend à faire tourner celui-ci sur son arête extérieure d, et il représente par Q le moment absolu de la résistance du revêtement relativement à l'axe d.

D'après ces hypothèses, le poids du prisme de poussée fgx sur l'unité de largeur est égal à $\dfrac{f H x}{2}$, f représentant le poids de l'unité de volume ou la densité du terrain, et le moment de ce solide quand il parcourt une portion quelconque n de la longueur du plan incliné sur lequel il se meut, a pour expression $\dfrac{f H^2 x}{2\sqrt{H^2 = x^2}}$, en supposant l'espace n égal à l'unité.

La force de cohésion est exprimée par $\tau\sqrt{H^2+x^2}$, τ représentant la force de cohésion de l'unité de surface.

Le frottement sur la surface de rupture f est supposé proportionnel à la pression qu'y produit le solide de poussée, et qui se détermine en décomposant l'action de ce solide en deux autres, l'une perpendiculaire, et l'autre parallèle au plan de rupture ; la résistance qui lui est due est exprimée par

$$\frac{F f H x^2}{2\sqrt{H^2+x^2}}.$$

M. Coulomb pense aussi que le poids du revêtement doit augmenter la pression du solide de poussée sur la surface de rupture, et il exprime cette résistance par $\dfrac{F Q H}{\sqrt{H^2+x^2}}$, en déterminant la pression d'après le principe que l'on vient d'indiquer.

L'équation d'équilibre est alors

$$\frac{f H^2 x}{2\sqrt{H^2+x^2}} = \frac{Q x}{\sqrt{H^2+x^2}} + \tau\sqrt{H^2+x^2} + \frac{F f H x^2}{\sqrt{H^2+x^2}} + \frac{F Q H}{\sqrt{H^2+x^2}}. \qquad (A)$$

Après en avoir déduit par la méthode *de maximis* et *de minimis* le solide ayant un maximum de puissance, il en établit le bras de levier pour en avoir le moment, en déterminant la résultante de l'action que ses différentes tranches horizontales exercent contre le parement intérieur du revêtement, et qu'il suppose, comme dans les fluides, proportionnelles, toutes choses égales d'ailleurs, à la distance de chacune d'elles à la surface supérieure du remblai. Ce bras de levier s'est trouvé égal environ au tiers du remblai ; et en supposant la cohésion égale à zéro, il devient égal à ce tiers comme dans les masses fluides.

Observations relatives à l'équation (A).

16. On entendra par point d'application de la poussée celui du parement intérieur du revêtement qui, de l'arête extérieure d du revêtement comme centre, décrivant un arc de cercle ev, s'éloignerait horizontalement d'une quantité $es = \dfrac{N x}{\sqrt{H^2+x^2}}$, lorsque le solide de poussée descend verticalement

d'une quantité $= \dfrac{KH}{\sqrt{H^2 + x^2}}$ et parcourt l'espace K suivant la longueur du plan

incliné : ces quantités sont, entre elles $:: x : H : \sqrt{H^2 + x^2}$,

Il n'y a qu'un point du parement intérieur du revêtement qui puisse s'é-
loigner horizontalement de la quantité $\dfrac{Kx}{\sqrt{H^2 + x^2}}$: l'espace K est supposé assez
petit pour pouvoir considérer comme perpendiculaires à leurs rayons les arcs
ev et $e'v'$ décrits par les lignes de et de' tirées du centre d aux différens points
e et e' de la hauteur du parement intérieur, dans le même temps que le solide
de poussée parcourt l'espace K. Décomposant la direction de chacun de ces
arcs en deux autres, les unes verticales vs et $v's'$, et les autres horizontales es
et $e's'$, les petits triangles evs ou $e'v's'$ qui en résultent sont semblables à ceux
deg ou $de'g$ qui seraient formés par les rayons des arcs de et de', par la base
horizontale du revêtement dg, et par les distances verticales eg et $e'g$ de l'extrémité des rayons au point g; on a donc $de : ev :: eg : es$, et $es = eg . \dfrac{ev}{de}$, on

trouve de même $e's' = e'g . \dfrac{e'v'}{de'}$. Tous les arcs, dans le cas présent, étant entre

eux comme leurs rayons, on a $\dfrac{ev}{de} = \dfrac{e'v'}{de'}$ et par conséquent $es : e's' :: eg : e'g$.

Les espaces estimés suivant la direction horizontale que parcourraient simultanément les différens points de la hauteur du parement intérieur, croissant
comme la distance verticale de ces points à l'arête extérieure, il ne peut y en
avoir qu'un que l'on puisse considérer comme égal à une quantité déterminée,
et par conséquent à $\dfrac{Kx}{\sqrt{H^2 + x^2}}$.

Soit e ce point, alors $es = \dfrac{Kx}{\sqrt{h^2 + x^2}}$, les deux triangles evs et deg étant
semblables, quand le rayon de décrit l'espace élémentaire ev le bras de levier
dk de la masse du revêtement relative à l'arête d décrit un espace proportionnel x'', de manière que l'on a $dk : x'' : de : ev :: eg : es$, et x'' ou la vitesse
virtuelle du centre de gravité de la masse du revêtement $= \dfrac{es \times dk}{eg}$: en subs-

tituant dans cette équation la valeur de es, on a $x'' = \dfrac{Kx}{\sqrt{H^2 + x^2}} \times \dfrac{dk}{eg}$.

La résistance Q, n'étant multipliée dans l'équation A que par $\dfrac{x^2}{\sqrt{n^2 + x^2}}$, le facteur commun n ayant été supprimé et la quantité nx étant comprise dans l'expression de Q, en suivant le principe des vitesses virtuelles, on a dû considérer *eg* comme égal à l'unité.

Avant d'examiner les autres conséquences de ce résultat, duquel on pourrait conclure que l'élévation du point d'application *e* au-dessus de *g* doit varier comme l'unité de mesure que l'on adopte pour la valeur de n, on établira en principe qu'en supposant toujours à n une valeur aussi petite, *l'espace horizontal, que le prisme de poussée ferait parcourir, au point du parement intérieur e, où a lieu l'application, multiplié par le bras de levier de la masse du revêtement et divisé par la distance verticale eg du point d'application à l'axe de rotation d, exprime toujours la vitesse virtuelle relative, estimée suivant la direction de la force qu'a cette masse, quelle que soit la direction du parement intérieur du revêtement,* puisque la même démonstration est applicable à tous les cas.

Des résultats que l'on vient de trouver et de ce que l'on a dit dans l'article précédent, on doit conclure que M. Coulomb suppose dans son équation le bras de levier de la poussée, relatif à l'arête extérieure du revêtement, placé vers le tiers de la hauteur du remblai, la ligne d'application à l'unité de hauteur au-dessus du plan horizontal passant par cette arête, et au solide de poussée ayant un maximum de puissance, une hauteur égale à celle du remblai.

Ces résultats ne paraissent pas d'une application générale.

Dans toutes les expériences qu'il a faites, M. Mayniel a reconnu qu'il n'y avait point d'éboulement, sans que le revêtement ou l'obstacle qui le remplaçait n'ait surplombé plus ou moins, c'est-à-dire, sans un commencement de rotation sur l'arête extérieure, ou sans que cette arête se soit plus ou moins enfoncée au-dessous de l'arête intérieure.

Il a reconnu en outre (page XIII), dans toutes les expériences qu'il a faites sur la poussée des terres, et qui sont encore les plus précises que l'on connaisse sur cette matière, que dans les terres qui ne sont point damées il ne se forme qu'une ligne de séparation, et que « dans des terres rendues » cohérentes par le damage il se forme peu avant l'éboulement une pre- » mière lézarde, et qu'au moment où celui-ci a lieu, il s'en forme une seconde » suivant laquelle le solide de poussée se détache sans entraîner la partie

» des terres qui menaçaient de le suivre ; celle-ci reste stable en vertu de son
» adhérence ; et, dans les deux cas, l'éboulement a toutes les apparences
» d'un corps solide qui ne se divise qu'à l'instant de son entier éboulement. »

Dans les terres damées, c'est le solide de poussée formé par la seconde lézarde supérieure à la première qui a toujours renversé, dans les expériences
précitées, le revêtement ou l'obstacle qui le remplaçait ; ce second solide
avait une hauteur moindre que celle du solide qui se serait détaché lors de la
formation de la première lézarde, et cependant son moment était plus considérable, puisqu'il a renversé un obstacle que le premier avait respecté. Dans
les expériences (page 19 et 21 du même ouvrage) le solide de poussée formé
dans des terres damées, qui a renversé l'obstacle, avait son extrémité inférieure
à peu près au tiers de la hauteur du remblai.

D'après ces faits, le solide de poussée auquel on suppose une hauteur égale
à celle du remblai peut ne pas être un maximum, et pour trouver ce maximum, il faut faire varier la hauteur v de ces solides comme leur largeur :
la première hypothèse de M. Coulomb n'est donc pas confirmée par l'expérience.

Pour appliquer le principe des vitesses virtuelles, il faut supposer aussi
(art. 7) un commencement de mouvement, et admettre les circonstances qui
ont nécessairement lieu d'après cette supposition.

M. Coulomb, en admettant qu'une portion du poids du revêtement doit
toujours augmenter l'effet de celui du solide de poussée sur la surface de
rupture, suppose, comme cela doit être, un commencement de mouvement ;
en effet quelle que soit la forme d'un revêtement, quand il est assis sur un
terrain incompressible, il est évident que l'on peut enlever tout le remblai
adossé au revêtement sans que celui-ci fasse aucun mouvement ; ne pouvant
exercer aucune réaction du côté du remblai, il n'avait donc aucune action
sur lui ; M. Coulomb n'a donc pu supposer l'existence constante de cette action, sans supposer, en même temps, un commencement de mouvement.

M. Mayniel a aussi remarqué, dans toutes ses expériences, que l'arête extérieure du revêtement était toujours au-dessous de l'arête intérieure quand
l'éboulement a eu lieu.

L'inclinaison du revêtement du côté de l'arête extérieure peut être supposée avec d'autant plus de raison, que l'équation d'équilibre, relative à cette
arête, n'entraîne pas l'équilibre de pression latérale sur la surface des fondations, équilibre qui, comme on le verra plus tard, exige un moment de

résistance plus considérable : en supposant une inclinaison sur cette arête, si petite qu'elle soit, puisque d'après l'expérience, le solide de poussée conserve toujours, jusqu'à son entier éboulement, la forme d'un coin, il est évident qu'un corps de cette forme, glissant entre deux surfaces rectilignes dont l'une s'éloigne de l'autre par un mouvement de rotation, ne peut y rester appliqué que par sa partie inférieure.

Le point d'application du solide de poussée dans les terrains cohérens, est donc à cette extrémité, et la distance verticale de ce point à l'arête extérieure est le bras de levier de la poussée, puisque le rapport des vitesses virtuelles est déterminé par la position de ce point, et non par la résultante de l'action des diverses tranches horizontales de ce solide, agissant comme celles de la masse d'un fluide, ainsi que l'a supposé M. Coulomb.

Nommant r la hauteur du solide maximum de poussée, son bras de levier ou la distance verticale de la ligne d'application à l'arête extérieure est égal à $a-r$.

Les hypothèses d'après lesquelles ce savant a établi la hauteur du prisme maximum de poussée, son point d'application et son bras de levier, n'ont donc point été confirmées par l'expérience.

L'équation A suppose que la cohésion r et le frottement r peuvent s'opposer simultanément au mouvement du solide de poussée; la première de ces résistances y est exprimée par la surface de rupture multipliée par une constante donnée par l'expérience, et la seconde par le produit du poids du prisme de poussée par sa vitesse virtuelle estimée suivant une direction perpendiculaire à la longueur du plan incliné, multiplié de même par une constante aussi donnée par l'expérience.

M. de Prosny, dans son *Architecture hydraulique* définit la cohésion « l'u-» nion des parties constituantes d'un corps entre elles, au moyen de laquelle » ces parties résistent à l'effort qui tend à les séparer, et le frottement, la résis-» tance qu'apporte au mouvement de deux corps qui glissent l'un sur l'autre » les aspérités de leurs surfaces. » (Tom. 1er., pag. 286, art. 598 et 599.)

Suivant lui, l'adhérence est une résistance due au contact des surfaces, qui est proportionnelle à leur étendue, et indépendante de la pression, et qui devient très-forte quand le contact se prolonge pendant un certain temps.

M. Coulomb (pag. 167, *Mémoire de l'Académie des Sciences* de 1785, tom. X, savans étrangers), pense que la cause physique de la résistance opposée par le frottement au mouvement des surfaces en bois ou en métal

7*

qui glissent l'une sur l'autre, ne peut être expliquée que par l'adhérence que les molécules des surfaces des deux plans en contact, contractent par leur proximité, ou par l'engrenage des aspérités de ces surfaces, qui ne peuvent se dégager qu'en se rompant, qu'en se pliant ou qu'en s'élevant à la sommité les unes des autres.

L'engrenage d'aspérités, qui plient ou s'élèvent les unes au-dessus des autres, ne peut guère être supposé dans un remblai en terre homogène, composé d'élémens tenus, non élastiques et susceptibles de compression.

Les résistances provenant de l'adhérence des molécules des surfaces en contact, et de la rupture des aspérités engrenées les unes dans les autres sur la surface de rupture, sont donc les seules causes, auxquelles M. Coulomb attribue la résistance due au frottement sur des surfaces en bois ou en métal, desquelles on puisse reconnaître l'existence dans le mouvement des solides de poussée des remblais en terre, et elles sont évidemment fonction de la surface totale de rupture : car, plus celle-ci est considérable, plus le nombre des aspérités engrenées et des molécules en contact doit augmenter.

La vérité de cette proposition n'est point infirmée par les expériences mêmes de M. Coulomb sur le frottement des fers et des bois : on voit dans son mémoire sur le frottement (*Mémoire de l'Académie*, tom. X, pag. 204) que, quand la pression n'est pas de vingt-cinq livres par pied carré, la vitesse augmente le frottement, et (pag. 205) que quand les surfaces sont réduites aux plus petites dimensions possibles, le frottement comparé à la pression diminue lorsque celle-ci ou la vitesse augmente : il conclut de ces faits que l'étendue des surfaces pressées influe sur l'intensité du frottement ; mais il dit (pag. 255) que cette étendue n'influe que très-peu.

L'influence de l'étendue des surfaces en contact, sur la résistance due au frottement, devant être plus sensible sur des surfaces composées d'élémens peu adhérens susceptibles de cohésion et compressibles, comme le sont ceux des terres, que sur les molécules dures et très-cohérentes des métaux, ou sur les fibres flexibles et élastiques du bois, que M. Coulomb a seules soumises à ses expériences, on croit devoir conclure des expériences de M. Coulomb, que l'étendue des surfaces est dans ces remblais en terre, un élément essentiel de la résistance due au frottement.

Pour déterminer l'expression de cette résistance, on a supposé que la cohésion était entièrement détruite dans les terres fraîchement remuées, et après avoir appuyé un remblai de cette espèce contre un plan vertical, la surface découverte par l'éboulement qui a lieu quand cet appui cesse, forme avec la verticale un angle plus ou moins aigu, que l'on a nommé *angle du talus naturel*.

En admettant la supposition gratuite, que le déblai des terres détruit à force de cohésion de tous leurs élémens, quelle que soit la promptitude que l'on mette à exécuter le remblai des terres fraîchement remuées, pourvu qu'il ait une hauteur assez grande pour que le résultat de l'expérience puisse être employé dans la pratique sans crainte d'erreur, on croit qu'il est impossible d'empêcher les élémens de contracter entre eux une adhérence quelconque, comme M. Coulomb l'a remarqué dans toutes les expériences qu'il a faites sur le frottement, laquelle serait plus considérable dans les couches inférieures que dans les supérieures, et que par cette raison l'étendue des surfaces doit être un élément de la résistance déduite de l'hypothèse précitée, qui maintient les solides de poussée sur leur surface de rupture dans le premier instant; les revêtemens exigeant un certain temps pour leur construction, le remblai perd de plus en plus l'état où on le suppose pour en déduire l'expression du frottement; celle-ci leur devient donc à chaque instant moins applicable.

Pour trouver l'expression de la cohésion, on a proposé de la déduire de la hauteur à laquelle une masse de terrain cohérent peut être coupée à pic sans s'ébouler.

On ne conçoit pas que l'on puisse déduire de cette hauteur l'expression de la cohésion, sans connaître en même temps les dimensions du solide que cette force maintient stable : quoi qu'il en soit, puisque l'on suppose dans l'équation A l'existence simultanée de la cohésion et du frottement, on doit de même admettre que ces deux résistances s'opposent à la fois à la formation du solide de poussée, dont la hauteur seule est connue, et qu'ainsi la cohésion et le frottement entrent dans l'expression de la résistance totale, qui serait déduite de cette hauteur. Alors il nous paraît aussi difficile de déterminer l'expression de la résistance due à la cohésion, indépendamment de celle que produit le frottement, que de déduire de l'angle du talus naturel, l'expression du frottement indépendante de celle de l'adhérence.

Pour connaître l'expression réelle de la résistance qui maintient, dans le premier instant, sur la surface de rupture, un solide de poussée qui se formerait dans un remblai damé et susceptible de cohésion, le moyen qui paraît le plus praticable, c'est d'adosser un obstacle d'une résistance facile à déterminer, à des remblais de différentes hauteurs, exécutés comme ils le seraient

derrière un revêtement, et d'établir pour chaque hauteur, la puissance ef-
fective du solide de poussée d'après l'obstacle qu'ils ont surmonté, et la puissance
qu'ils auraient dû avoir, d'après l'étendue et l'inclinaison de la surface de
rupture, et la masse du solide. Les résultats que l'on aurait paraîtraient les
plus certains possibles, puisque le remblai se trouverait dans l'état réel où
il est derrière les revêtemens neufs, au lieu de lui supposer un état sans
adhérence qui ne paraît jamais exister, ou une cohésion due à une longue
action du temps, de la pression, et des eaux de filtration, laquelle n'existe
pas dans les nouveaux remblais; une seule opération, exécutée dans des circonstances absolument semblables à celles où se trouvent les revêtemens et
les remblais auxquels les résultats qui en dérivent doivent être appliqués,
suppléerait à deux autres qui n'auraient point ces avantages; la surface de rupture
serait alors un des élémens de la résistance du premier instant, donnée par
l'expérience.

L'Académie des Sciences ayant judicieusement observé en 1783, dans son
avis relatif au mémoire de M. Chauvelot, sur la poussée des terres, qu'il
fallait déterminer la cohésion que les terres contractaient sous différentes pressions, a témoigné par là, qu'elle pensait que la cohésion des différentes couches
du terrain devait croître, dans des limites à déterminer par l'expérience, relativement à la hauteur des terres qui se trouvent au-dessus de chaque couche,
et qu'ainsi la cohésion devait être fonction de cette hauteur.

La force de cohésion augmentée par la pression, dans les fabrications en
pisé et en terre est un fait authentique qui vient à l'appui de l'opinion de
l'Académie.

Jusqu'à ce que l'expérience ait prononcé, on supposera donc, comme
la chose la plus probable, l'expression de la résistance qui s'oppose au
mouvement de la masse d'éboulement dans le premier instant, fonction de
la hauteur н du remblai et de la surface de rupture, on la supposera

$$= \Upsilon\,н\,\sqrt{x^2 + \tau^2}.$$

On ne pense pas non plus que l'on doive avoir égard, dans l'expression
de la résistance du premier instant, à l'augmentation de pression que produirait
la masse du revêtement, sur la surface de rupture du solide de poussée,
parce que la formation successive de ces solides, que M. Mayniel a remar-
quée dans toutes les expériences qu'il a faites, ne peut avoir lieu sans que le
revêtement s'incline ou s'élève si peu que ce soit sur son arête extérieure,

comme il l'a reconnu, et comme cela peut toujours être quand la condition d'équilibre de pression latérale sur la surface des fondations n'est pas remplie.

Suivant les observations nombreuses qu'a aussi faites M. Mayniel (pag. XIII), ce n'est pas le solide formé par la première lézarde qui renverse la résistance, mais un solide qui se forme au-dessus, et qui conserve la forme de coin jusqu'à son entier éboulement.

Quelque petite que soit l'inclinaison du revêtement, l'extrémité inférieure de ce second solide peut ne pas toucher au parement intérieur du revêtement dans le premier instant, et par conséquent le poids du revêtement peut ne pas concourir à maintenir ce solide sur la surface de rupture dans l'instant de la stabilité. Cette résistance ne doit donc pas entrer dans l'équation générale; cependant si l'hypothèse exigeait que l'on y eût égard, le moment relatif du poids du revêtement qui la produit, et qui varie nécessairement comme la hauteur de la ligne d'application, en diminuant au fur à mesure que cette ligne s'élève, parait devoir être divisé par $n-1$.

Les considérations que l'on vient d'émettre paraissent expliquer la formation successive des solides de poussée, et la distance de chacun d'eux se trouve naturellement déterminée, par la largeur de la surface de l'extrémité du solide précédent, qui s'appuie contre le parement du revêtement.

Il n'est pas d'ailleurs étonnant de voir les solides de poussée inférieurs se former les premiers; puisque leur masse et par conséquent leur puissance, augmente comme le cube de leur hauteur, tandis que leur surface de rupture, qui est le seul facteur constant de la résistance, ne croît qu'en raison du carré de cette quantité; dans ce cas, plus les prismes de poussée ont de hauteur, plus le rapport de la puissance à la résistance est considérable; mais le moment de cette puissance relative à l'arête extérieure D n'augmente pas d'après les mêmes principes relativement à celui du revêtement, parce que si le solide de poussée qui a le plus de hauteur, a le plus de puissance, le bras de levier avec lequel il agit sur l'axe de rotation des revêtemens, c'est-à-dire, la distance verticale de sa ligne d'application à l'arête extérieure, est alors un minimum.

Enfin on observera que, d'après les définitions mêmes du frottement et de la cohésion, ces deux résistances ne peuvent s'opposer simultanément au mouvement des solides de poussée; la cohérence supposant une masse non divisée, et le frottement de deux surfaces distinctes, celui-ci ne peut exister qu'après la rupture des surfaces, c'est-à-dire dans le second instant.

Nous croirions avoir méconnu le noble caractère de M. Coulomb, que nous avons eu l'honneur de connaître personnellement, si nous avions affaibli en rien les observations résultantes de l'expérience et relatives aux hypothèses qu'il a suivies.

M. Coulomb était trop éminemment savant, pour ne pas avoir pour but unique l'avancement de la science, et les obligations qu'elle lui a, sont trop profondément gravées dans ses nombreux travaux où brillent également la perspicacité de son esprit et la profondeur de son jugement, pour que les perfectionnemens que le temps et l'expérience ont mis à même d'y faire, puissent en rien en diminuer le prix : nous pensons même que la plus grande partie du mérite de ces perfectionnemens doit lui être attribuée, puisque sans les bases justes qu'il a posées ils n'auraient peut-être pas eu lieu.

Résultat de l'équation rectifiée.

17. En ayant égard aux conséquences des considérations que l'on a developpées dans l'article précédent, l'équation A doit éprouver quatre changemens principaux.

1°. La hauteur ·y du solide de poussée devant être regardée comme variable, sa masse devient $\dfrac{\delta x y}{2\sqrt{x^2+y^2}}$.

2°. Le moment absolu de la puissance doit être multiplié par $H-y$.

3°. On doit considérer $\tau y\sqrt{x^2+y^2}$, comme l'expression la plus probable de la résistance produite par la cohésion de la surface de rupture, sur son plan incliné déterminé par une seule expérience.

4°. La masse du revêtement ne doit pas être, dans l'intérêt de la stabilité, considérée comme influant sur la valeur de y.

L'équation (A) devient alors

$$\left[\frac{\delta y^2 x}{2\sqrt{y^2+x^2}} - \tau y\sqrt{y^2+x^2}\right](H-y) = \frac{Qx}{\sqrt{y^2+x^2}}$$

d'où l'on tire
$$\left[\frac{\delta y^3}{2} - y\left(\frac{y^3+x^2 y}{x}\right)\right](H-y) = Q \qquad\text{(B)}$$

équation dans laquelle x et y sont variables.

En différenciant l'équation (B) par rapport à x, on a

$$\frac{dQ}{dx} = (H-y)\left[-\tau y\left(\frac{x^2-y^2}{x^2}\right)\right];$$

d'où l'on tire, en égalant à zéro le coefficiant de Dx, $\gamma = x$ et $H = \gamma$.

Substituant γ à la place de x dans l'équation (B), on a

$$\frac{f\gamma^3}{2} - 2 - \gamma\gamma^3(H - \gamma) = Q,$$

d'où l'on tire, en différenciant l'équation relativement à γ,

$$\frac{dQ}{d\gamma} = \frac{2H\gamma - 3f\gamma^3}{2} - 4\gamma H\gamma + 6\gamma\gamma^3, \text{ et } \gamma = \frac{2}{3}H.$$

En prenant les différentielles secondes par rapport à x et à γ et en faisant $x = \gamma$, et $\gamma = \frac{2}{3}H$, on trouve que les valeurs de $\frac{d^2Q}{dx^3}$ et $\frac{d^2Q}{d\gamma^3}$ sont négatives lorsque $\frac{10}{3}\gamma$ est plus petit que f, ce qui doit être lorsqu'il peut y avoir rupture ; que celle $\frac{d^2Q}{dx} \times \frac{d^2Q}{d\gamma} - \left(\frac{d^2Q^2}{dxd\gamma}\right)$ est positive, et par conséquent que les valeurs trouvées pour x et γ produisent un maximum. En supposant $\gamma = H$, on a évidemment un minimum, puisqu'alors le moment de la poussée s'évanouit ; ce résultat est contraire à celui de l'équation (A).

En établissant les momens virtuels relatifs d'après des hypothèses conformes aux expériences connues, et en supposant qu'il résulte des expériences à faire, que le coefficient de la cohésion est fonction de γ et de la surface de rupture, on voit que, quand le parement intérieur du revêtement est vertical, le moment du prisme de poussée est égal à $\frac{2}{3}H \times \frac{2}{6}H \times \frac{1}{3}H = \frac{2}{27}H$, quantité qui diffère peu de celle que l'on trouverait par la formule (A).

On en a déduit, en remplaçant les lignes par des sinus, que l'angle de maximum de poussée est égal à la moitié de celui qui serait formé par le plan du talus naturel des terres et la verticale ; en supposant égal à 45°. l'angle qui ferait avec la verticale ce qu'on appelle le talus naturel des terres, et le point d'application au tiers de la hauteur du remblai, comme cela aurait lieu pour les fluides, l'expression du moment de la poussée suivant l'équation (A) est égale à $H \times \frac{H}{4} \times \frac{H}{3} = \frac{H^3}{12}$. Mais en supposant le point d'application au tiers de H, on suppose en même temps la force de cohésion égale à zéro ; cette force étant toujours plus ou moins intense, le bras de levier que l'on

8

a supposé égal à $\frac{H}{3}$, l'a donc été plus grand qu'il n'est réellement.

Le prisme de poussée qui résulte de l'équation (B) a aussi été supposé plus petit qu'il n'est sans doute, parce que la zone d'application a nécessairement une largeur quelconque, tandis qu'en la considérant comme une ligne, on l'en a supposée privée; l'expérience seule pouvant faire connaître cette largeur, on attendra qu'elle ait prononcé pour introduire cette dimension dans l'équation générale.

L'équation (E) que l'on adoptera comme la plus probable, donnant à peu près les mêmes résultats que l'équation (A), celle-ci ne compromettrait pas la stabilité des revêtemens, si elle renfermait toutes les conditions de stabilité indispensables; mais on va bientôt voir qu'il n'en est pas ainsi.

Equation d'équilibre quand le revêtement peut glisser sur une surface horizontale ou inclinée.

18. L'équation d'équilibre, quand le revêtement peut glisser sur la surface horizontale ou inclinée des fondations ou d'une de ses assises, peut être facilement déduite de l'équation (B); le moment de la puissance s'établit de même; mais la résistance se compose de celle qui est due à l'adhérence de la surface inférieure du revêtement à la surface sur laquelle il glisse, et en outre quand cette surface est inclinée, de la résistance due à la quantité dont le centre de gravité du revêtement s'est élevé, au-dessus de la position horizontale qu'il occupait, dans le mouvement élémentaire que l'on suppose.

Soit Q' le poids du revêtement, F le rapport de ce poids à la résistance due à l'adhérence du revêtement sur la surface totale des fondations, $p'q$ la ligne inclinée sur laquelle le revêtement glisserait, et pq une horizontale, le moment de la première de ces deux résistances est $Q'F \dfrac{x}{\sqrt{H^2+x^2}}$ et celui de la seconde lorsque le revêtement parcourt sur pq un espace dont la direction horizontale, $= \dfrac{x}{\sqrt{H^2+x^2}}$, est $Q'\dfrac{x}{\sqrt{H^2+x^2}} \times \dfrac{pp'}{pq}$: on aura donc,

$$\frac{\partial H^2}{2} \times \frac{x}{\sqrt{H^2+x^2}} - \Upsilon H \sqrt{H^2+x^2} = Q'\left(F + \frac{pp'}{pq}\right)\frac{x}{H^2+x^2}.$$

En réduisant on a
$$\frac{\partial H^2}{2} - \Upsilon H\left(\frac{H^2+x^2}{x}\right) = Q'\left[F + \frac{pp'}{pq}\right] \qquad (C).$$

En différenciant relativement à x, et en égalant la différentielle à zéro, on trouve $x = H$: le solide de maximum de poussée a donc pour hauteur celle du remblai au-dessus de la surface sur laquelle glisse le revêtement, et une base égale à cette hauteur.

La puissance du solide maximum de poussée déterminée par l'équation C est double de celle qui résulterait de l'équation A, en supposant au remblai un angle de talus naturel égal à 45°, et par conséquent l'angle de rupture du solide maximum de poussée, égal à la moitié de cet angle. En introduisant dans l'expression de la cohésion de l'équation (C) la valeur de $x = \dfrac{H}{2}$, on trouve en outre que cette expression augmente dans le second cas, comparativement au premier, dans le rapport de 25 à 20. Dans le cas du glissement du revêtement, le moment de la puissance est donc, dans l'équation B, égal à plus du double de celui déduit de l'équation A.

Quand la surface des fondations est horizontale, $PP' = 0$, et la seconde partie de la résistance s'évanouit.

On peut d'ailleurs empêcher le mouvement de glissement d'un revêtement sur sa base ou sur ses assises, par les moyens analogues à ceux que nous avons indiqués pour les pied-droits et les assises des voûtes (art. 10).

Application de l'équation B quand le parement intérieur du revêtement est incliné.

19. Lorsque le parement intérieur du revêtement est incliné suivant fg (Fig. 14), le solide de poussée, en parcourant l'espace élémentaire ae, descend verticalement de ce, et s'éloigne horizontalement de ab, côtés du triangle abe semblable au triangle afm : la ligne abc y est plus grande de la quantité $cb = cf$, que celle dont le revêtement se serait éloigné horizontalement, si le parement eût été vertical.

En supposant toujours $am = \sqrt{r^2 + x^2}$, $h'm = r$, $ah' = x$ et $af = x + c$, par conséquent $cf = cb = c$, on aura $ae : am :: ab : af :: ec : h'm$; les espaces parcourus horizontalement et verticalement dans la même unité de temps sont donc entre eux comme $\dfrac{x+c}{\sqrt{x^2+r^2}} : \dfrac{r}{\sqrt{x^2+r^2}}$.

En substituant ce nouveau rapport de vitesse virtuelle dans l'équation B, on a

$$\left(\frac{\gamma r^2(x+c)}{2\sqrt{x^2+r^2}} - r r \sqrt{x^2+r^2}\right)(H-r) = Q \times \frac{x+c}{\sqrt{x^2+r^2}}$$

et en réduisant
$$\left[\frac{JT^2}{2} - TY\left(\frac{x^2+Y^2}{x+c}\right)\right](H-Y) = Q \qquad (D).$$

En différenciant cette équation relativement à x, on a, au lieu de $x^2 = Y^2$, que l'on trouve quand le parement intérieur est vertical, $x^2 + 2Bx = Y^2$ et $x = -B \pm \sqrt{Y^2 + B^2}$, ce qui prouve que x est moins grand que Y, quand le talus du parement intérieur fait un angle obtus avec l'horizontale : si cet angle était aigu, par exemple, si le parement intérieur du revêtement était $f'g'$, le signe de B changerait, et x serait plus grand que Y.

En substituant la valeur de x dans l'équation (D), on trouve, en la différenciant, une équation du sixième degré qui ne peut donner la valeur du prisme de poussée que par approximation, en supposant diverses valeurs à Y dans l'équation (D).

Pouvant donner, sans inconvénient, une certaine latitude au rapport du talus intérieur à la base du solide de poussée, on peut supposer ce talus fonction de x, dans de certaines limites fixées par un coefficient constant M ; la base af du triangle afm (Fig. 14), peut être alors exprimée par $x + Mx$ ou Nx, en faisant $N = M + 1$.

En substituant Nx à la place de $x + B$ dans l'équation (C), et en différenciant par rapport à x et à Y, on trouve $x = Y$ et $Y = \frac{2}{3}H$,

comme lorsque le talus intérieur du revêtement est vertical.

Nouvelle condition indispensable à la stabilité des revêtemens.

20. Nous avons vu (art. 16), que, quand il n'y a pas équilibre de pression latérale sur la surface des fondations, l'action du solide de poussée peut faire enfoncer l'arête extérieure p en p' au-dessous de l'arête intérieure q, et qu'alors le solide de poussée fvx qui peut se former au-dessus du premier fgx, peut avoir son extrémité inférieure v à une distance plus ou moins considérable vv'' du parement intérieur du revêtement. Ce solide a alors un moment relatif plus considérable que celui que suppose l'équation B, puisqu'il agit sur le parement avec une vitesse réelle, au lieu d'une vitesse virtuelle que suppose cette équation.

Pour pouvoir l'appliquer aux revêtemens, il faut donc, comme pour les voûtes (art. 11), établir l'équilibre de pression latérale sur la surface des fondations.

L'excédant de pression latérale sur la demi-surface intérieure qui forcerait le revêtement à s'appliquer sur la masse des remblais à laquelle il est adossé, n'a d'ailleurs point d'inconvénient lorsqu'il n'opère ni rupture, ni pression trop forte, sur les arêtes extérieures des assises.

Pour établir les conditions d'équilibre d'après lesquelles les revêtemens doivent s'enfoncer sans s'incliner dans les terrains compressibles, on supposera ceux-ci, comme on l'a fait pour les voûtes, flottant sur un fluide d'une densité indéterminée et l'on établira l'équation des pressions latérales d'après le troisième corollaire déduit de la stabilité des corps flottans énoncé (art. 11); puisque dans le cas présent la verticale passant par le centre de gravité du revêtement qui représente le système flottant, tombe entre le centre de gravité м (Fig. 7 coupe suivant AB de la Fig. 13) du prisme d'immersion pqq', et celui z de la surface des fondations : celui-ci s'enfoncera donc et s'inclinera en même temps sur cette surface.

Pour déterminer la partie de la masse du revêtement qui tend à le faire incliner contre les terres, il faut connaître cette masse totale, son centre de gravité et la distance horizontale de ce centre aux arêtes p et q et au centre de gravité z de la surface des fondations, pour en déduire la masse, et le bras de levier du prisme d'immersion pqq' relativement au centre z. On sait que le bras de levier d'une masse, est la distance horizontale de la verticale passant par son centre de gravité, à l'axe de rotation, autour duquel elle est censée se mouvoir.

On supposera, comme on l'a déjà fait pour les voûtes (art. 11), la densité du fluide, telle que l'on puisse considérer qq' comme perpendiculaire à pq, et $qq' = pp'$, afin qu'il y ait immersion sans inclinaison.

On supposera aussi la surface totale des fondations. . . . . = S
La distance du centre de gravité de cette surface à l'arête extérieure. = ғ
Idem à l'arête de l'extrémité intérieure. . . . . = ɢ
La masse totale du revêtement. . . . . = M
Idem relativement au centre de gravité de la surface des fondations. = L
Le volume du prisme d'immersion pqq'. . . . . = P
Sa masse. . . . . = ɟp
Son bras de levier relatif au centre de gravité du revêtement. . = ᴋ
Idem relativement au centre de gravité de la surface des fondations. = ∞
Le volume du prisme d'immersion $pp'q$. . . . . = Q
Son bras de levier relativement à celui du centre de gravité de la
surface des fondations. = φ

D'après le troisième corollaire déduit des principes de stabilité des corps

flottans (art. 11), on a $\qquad \delta P = \dfrac{ML}{K+L}$ (E)

pp' étant égal à qq', on a aussi $\varpi\,\delta P = \varphi\,\delta Q$.   (F)

Pour appliquer ces deux équations aux revêtemens de Vauban, de 20 et de 30 pieds de hauteur, en employant le pied métrique pour unité, on leur supposera (Fig. 12 et 13), 5^d. d'épaisseur au sommet, le talus extérieur au cinquième, 3^d. de hauteur de fondations, et des contre-forts espacés de 15^d. de milieu en milieu, ayant à leur extrémité les deux tiers de leur largeur à la racine $= \dfrac{20^d \cdot + H}{10}$, et de longueur $\dfrac{10^d \cdot + H}{5}$, H étant égale à la hauteur du revêtement.

	REVÊTEMENT de 20 pieds.	REVÊTEMENT de 30 pieds.	REVÊTEMENT à contre-forts voûtés de 30 pieds de hauteur. (Art. 11).
S . . . . =	164,00	207,5	11,50 x
F . . . . =	5,7262	7,3326	1,2949 x
G . . . . =	9,8738	12,2674	3,30 x
M . . . . =	2978,50	5208,50	146,25 x
L . . . . =	1,1178	1,6098	0,4190 x
P . . . . =	60,2048	77,5670	4,5126 x
δP . . . . =			105,375 x
K . . . . =	1,2034	1,4613	0,1626 x
ϖ . . . . =	2,3212	3,0711	0,5816 x
Q . . . . =	103,7952	129,7663	6,9874 x
φ . . . . =	1,3464	1,8357	0,3756 x
δQ (G + φ) . . . . =	27746,0049	64415,6522	

$\delta Q = \dfrac{\varpi\,\delta P}{\varphi}$, et $\delta Q\,(G + \varphi)$ exprime le moment du prisme d'immersion $pp'q$ relatif

à l'arrête de l'extrémité des contre-forts, qui doit être produit par l'action du solide maximum de poussée, pour qu'il y ait équilibre.

D'après l'équation (B), en supposant 6 pieds de hauteur réduite au parapet et 3 pieds de fondations, on a 29 et 39 pieds de hauteur du remblai sur 15 pieds de long, et le moment du solide maximum de poussée relativement

à l'arête du contre-fort $= \dfrac{2}{27} H^3 \times 15$ pieds . . . . . $= 27098,85$ 65910,00

Dans les revêtemens de 20 et 30 pieds de haut, ayant 5 pieds d'épaisseur au sommet et des contre-forts espacés de 15 pieds, le moment de la résistance qui s'oppose à l'inclinaison du revêtement sur sa base est donc égal à celui de la puissance opposée établie d'après l'équation (B), en supposant aux deux masses la même densité, et en supposant nulle la cohésion du remblai ; cette équation peut donc, dans plusieurs cas, simplifier les applications.

En considérant l'action du solide de poussée relativement à l'arête extérieure du revêtement placée au-dessus de la surface des fondations, le moment du prisme maximum sur 26 et 36 pieds de hauteur, et sur 15 pieds

de longueur . . . . $= 19525,8889$ 51840,00

et le moment de la masse totale du revêtement

relativement à la même arête, non compris les

fondations, est . . . . $= 17567,564$ 42015,6132

En comparant entre eux ces différens momens, on voit que dans l'hypothèse de l'équilibre de pression latérale sur la surface des fondations, les profils de Vauban supposent l'action du prisme de poussée agissant sans être diminuée en rien par la cohésion, pour les revêtemens de 20 à 30 pieds, tandis que dans l'hypothèse du renversement sur l'arête extérieur, il suppose que la cohésion diminue, dans les revêtemens de 20 pieds, l'action du prisme de poussée d'un neuvième, et dans ceux de 30 pieds d'un cinquième.

Si Vauban a été conduit aux profils qu'il a adoptés par des principes ou par l'expérience, ce serait donc celui de l'égalité de pression latérale, relativement au centre de gravité des fondations qu'il aurait pris pour guide, et c'est le seul essentiel dans les terrains susceptibles de cohésion, puisque l'équilibre qu'il établit produit un excédant de résistance, relativement à l'arête extérieure, comme on vient de le voir, et par des raisons analogues à celles que l'on a développées, relativement aux voûtes. (Art. 12) :

On ne terminera pas ce qui est relatif aux revêtemens de Vauban, sans faire observer la disposition très-ingénieuse des contre-forts qu'il a adoptés ; elle augmente l'étendue de la surface totale de rupture, les solides de poussée devant suivre nécessairement les sinuosités formées par le parement intérieur et les contre-forts, et elle rend par là, d'autant plus difficile la simultanéité de leur action, qu'elle suppose une vitesse différente dans le solide de poussée adossé aux revêtemens, et dans celui qui est adossé au contre-fort. Dans cette circonstance, comme on en a vu des'exemples, la forme du solide de poussée au lieu d'être prismatique comme on le suppose, peut s'approcher plus ou moins de celle d'un cylindre tronqué, ce qu'aucune théorie n'a encore supposé. Plus elle est incertaine et plus on doit s'attacher invariablement aux résultats donnés par les profils de Vauban, relativement à la nouvelle condition d'équilibre, et conserver religieusement tous les avantages que nous avons reconnus qu'ils présentent.

Quelques terres pesant autant que telle maçonnerie, on a supposé les densités égales; si elles différaient beaucoup, on pourrait prendre leur différence en considération.

Application de la nouvelle condition d'équilibre à un profil de revêtement différent de celui de Vauban.

21. Les équations (E et F) de l'article précédent, ayant donné les moyens d'établir le moment du prisme d'immersion $pp'q$ pour tous les profils de Vauban, et par conséquent celui du prisme $p'qq$ qui lui est égal (E), il est facile de produire, pour un profil dont les principales dimensions sont données, un prisme d'immersion $pp'q$ qui offre le même moment de résistance que celui du revêtement de Vauban, en supposant à ce nouveau profil une dimension quelconque variable.

D'après ces principes, on va déterminer les différentes dimensions à donner à un revêtement à contre-forts voûtés (Fig. 15, 16 et 17) espacés de 5^m., dont le talus extérieur serait réduit à moins du cinquantième de la hauteur.

Pour déterminer les quantités S, M, P, Q, etc., et la position de leur centre de gravité, on supposera l'épaisseur nm (Fig. 15 et 16) du sommet du revêtement = x, la longueur lm des contre-forts = 2 x, le talus extérieur eo = Tx et la retraite op = vx, T et v étant des quantités fractionnaires déterminées approximativement d'après les dimensions que l'on désire donner à la base du talus et de la retraite. On a supposé toutes ces quantités fonctions de x, afin de leur donner les proportions relatives que l'on croira convenables.

On représentera la hauteur du revêtement en par H.

On supposera dans l'application des formules (E et F), la hauteur du revêtement dont il s'agit de déterminer les différentes dimensions = 11^m, T = 0^m, 10, v = 0^m, 20, la hauteur moyenne de la masse soutenue par les voûtes, celle des voûtes comprises, $= \frac{2}{3}$ H ; enfin la distance d'un contre-fort à l'autre prise de milieu en milieu $=$ L $= 5^{m}$., et l'épaisseur fk du contre-fort $ifkh$, que l'on supposera égale à $iu = sh = 1^{m}$., 25.

La masse que supportent les pied-droits, la leur non comprise, ayant les deux tiers de la hauteur du revêtement, la portion des fondations des contre-forts qui tient au revêtement doit avoir outre la largeur de leur volume, un excédant égal aux deux tiers de l'espacement hors œuvres d'un contre-fort à l'autre, afin que l'unité de surface des fondations soit également chargée à la racine du contre-fort, et sous le parement intérieur du revêtement ; cet espace étant 3^{m}, 75, l'évasement $iu = sh$ de chaque contre-fort, sera égal à l'épaisseur de l'extrémité $fk = 1^{m}$, 25 ; cet évasement iu (Fig. 15) va horizontalement en diminuant jusqu'à l'extrémité fk, il s'élève par les talus id et ch (Fig. 17) et j_{φ} (Fig. 16), jusqu'à la naissance de la voûte, en formant une masse pyramidale.

De ces données on a déduit les expressions des valeurs représentées par les lettres S, F, M, L, K, ϖ, P, Q, etc. qui se trouvent dans la troisième colonne du tableau de l'article précédent.

D'après ce tableau, le moment du prisme d'immersion PQQ' relatif au centre de gravité de la surface des fondations ou ϖJ P . . . . $= \quad \overline{6}1,293 \ x^{1}$

Le moment du solide maximum de poussée relatif à l'arête extérieure des contre-forts d'après l'équation (B), et en supposant 13^{m}. de haut au remblai . . . . $= 813,70$

Ce moment doit être égal à celui du prisme d'immersion PP'Q relativement à la même arête : le bras de levier de ce prisme étant $2^{m}3807$ ou $JQ = \dfrac{813,70}{2^{m}3807}$ et JQ_{φ} ou $\dfrac{813^{m},70}{2,3807}$ $\times 0^{m},3756 = 61^{m},293 \ x^{1}$, d'où l'on tire x . . . . $= \quad 1,4474 \ x^{1}$

En supposant à x une valeur de 1, 45 le volume du nouveau revêtement . . . . $= 156,$

Le volume d'un revêtement suivant le profil de Vauban est égal, comme on l'a vu (art. 19) à $\dfrac{5208^{x}59}{27}$, ... $= 193$

L'économie produite par le nouveau revêtement, en supposant les fondations de 3 pieds, est donc du 5e. au 6e. du volume de la maçonnerie ou de $\dfrac{10}{52^{e}}$.

En comparant le volume du nouveau profil avec celui d'un revêtement de Vauban, réduit à un douzième de talus, et ayant le même moment de résistance, il y a comme on l'a dit (art. 3 du sommaire), relativement au profil proposé, une différence en moins, du tiers au quart du volume, ce qui peut produire une économie notable en quelques années.

Les élémens du profil du revêtement que l'on vient de déterminer sont employés depuis long-temps; nous avons fait démolir il y a environ 27 ans, au Havre, le revêtement d'un des fronts d'Ingouville, qui avait des contre-forts voûtés.

Ce profil diffère d'ailleurs essentiellement de ceux que l'on a employés depuis 30 ans, en ce qu'il remplit toutes les conditions de stabilité connues, et en ce que les différences de pression ne varient que par degrés insensibles sur la surface de ses fondations, comme sur celles des revêtemens adoptés par Vauban, tandis que les profils de ce genre, que l'on a fait exécuter, ne remplissaient ni l'une ni l'autre des nouvelles conditions de stabilité dont on a démontré la nécessité. N'ayant dû leur découverte qu'aux recherches que nous avons faites sur les causes des avaries qui ont eu lieu dans ce temps aux revêtemens pleins et voûtés, ces avaries ne paraissent pas devoir être attribuées aux Ingénieurs qui avaient construits ces revêtemens; mais bien à l'art dont les préceptes étaient en retard.

On voit (Fig. 21), le profil que l'on avait proposé d'adopter en 1795, il se compose d'un mur extérieur a de 18 pouces d'épaisseur, et des voûtes horizontales b ayant différentes longueurs pour éloigner, du parement intérieur du mur de masque, le pied du talus des terres abandonnées à leur pesanteur, de manière à avoir l'espace nécessaire à la manœuvre du fusil par les creneaux C.

Cette espèce de revêtement fut adopté dans différentes places avec diverses modifications. On voit (Fig. 22 et 23), le profil et le plan qui furent assez généralement employés pour les contre-escarpes; il se rompit en pr, parce que le poids agissant sur l'unité de surface de la fondation des pied-droits à leur jonction au parement intérieur du mur de masque, était plus que triple de celui qui était supporté par l'unité de surface des fondations de ce mur, parce que l'épaisseur du pied-droit se trouvait diminuée dans cette partie par la communication c que l'on y avait établie, et parce qu'en outre on n'avait rien disposé pour contre balancer l'action latérale des terres adossées à la voûte verticale d, sur les différentes parties de la surface des fondations.

Pour éviter les désunions qui eurent lieu par les mêmes raisons entre le mur de masque et les pied-droits, dans les revêtemens élevés, on prit plus tard des précautions pour que les tassemens de ces deux masses se fissent indépendamment l'un de l'autre, mais on ne pût obtenir ce résultat qu'en altérant plus ou moins la force de cohésion, qui doit ne faire qu'un tout de toutes les parties des revêtemens.

Dans le profil que l'on propose, toutes les parties s'exécutent simultanément; l'on a rempli toutes les conditions connues d'équilibre et de stabilité, et l'on a suivi strictement le principe de solidité le plus essentiel, lequel prescrit de proportionner la surface des appuis au poids à supporter, ou de faire succéder par degrés insensibles les élémens de la surface des fondations différemment chargés, comme Vauban l'a fait par l'emploi des talus extérieurs de revêtement.

Le profil proposé paraît donc n'avoir plus aucun des inconvéniens qui, après un essai de quelques années, avaient fait rejeter les revêtemens de cette espèce.

On a cherché aussi à résoudre un problème dont on ne connaît point encore de solution satisfaisante, c'est de rendre salubres les logemens que l'on peut, au moyen de voûtes verticales *v* qui soutiennent les terres, pratiquer dans de certaines circonstances, derrière les revêtemens à contre-forts voûtés; ces moyens seront détaillés dans un second mémoire relatif à la fortification, et ont été indiqués dans les Fig. 18, 19 et 20; ils consistent à empêcher l'air de l'intérieur de chaque casemate de se refroidir en dissolvant l'eau qui filtre à travers les murs adossés aux terres, au moyen d'un lambris *ll* préparé pour résister long-temps à l'action de l'humidité, à procurer, au moyen des ouvertures *b* et *c*, une évacuation non interrompue aux gaz délétères, et à faire affluer dans l'intérieur de la casemate, par les conduits *d* et *e*, un courant continuel d'air pur, au moyen d'un ventilateur *v* à force centrifuge, placé dans la casemate même ou dans un réservoir d'air pur.

On indiquera aussi les batteries casematées défensives que l'on regarde comme les seules praticables sur les remparts.

Le profil des revêtemens que l'on propose paraîtrait donc devoir réunir la stabilité, la durée et l'économie, à l'avantage inappréciable d'offrir, sur le lieu même, des abris à l'épreuve, sains et commodes, aux hommes chargés de les défendre.

SÉTION III.
Résumé général.

22. Avec le principe des vitesses virtuelles, et celui de la décomposition des forces, on a résolu tous les problèmes que l'on a cru utiles relativement à la poussée des terres et des voûtes ; on l'a fait d'une manière uniforme en supposant, dans les mouvemens de rotation, un espace parcouru égal à une unité quelconque, aliquote de l'unité finie, pied, mètre ou tout autre que l'on aurait adoptée, et assez petit pour pouvoir être considéré sans erreur, comme perpendiculaire à l'extrémité du rayon de rotation ; cette hypothèse, généralement admise, est incontestable, puisqu'il n'y a point de limites à la petitesse que l'on peut supposer à cette unité élémentaire.

En subordonnant le principe de la décomposition des forces à celui des vitesses virtuelles, c'est-à-dire en n'employant le premier, que pour déterminer le rapport de ces vitesses, nous croyons avoir tari la source de plusieurs erreurs et donné des moyens de vérifications dont on a vu (art. 16) des résultats avantageux.

Pour les applications de ces principes, on ne s'est servi que de la Géométrie simple, et l'on ne conçoit point de problème de statique que l'on ne puisse résoudre de la même manière, puisque tous les moyens employés pour communiquer le mouvement, par le moyen des corps solides, se réduisent au levier et au plan incliné.

Enfin l'exemple de la méthode que l'on a suivie pour appliquer le principe des vitesses virtuelles, qu'un savant illustre a reconnu être le principe fondamental de la statique, semblerait devoir rendre plus faciles et plus générales les applications de cette branche des mathématiques qui rend de si éminens services à la société.

FIN.

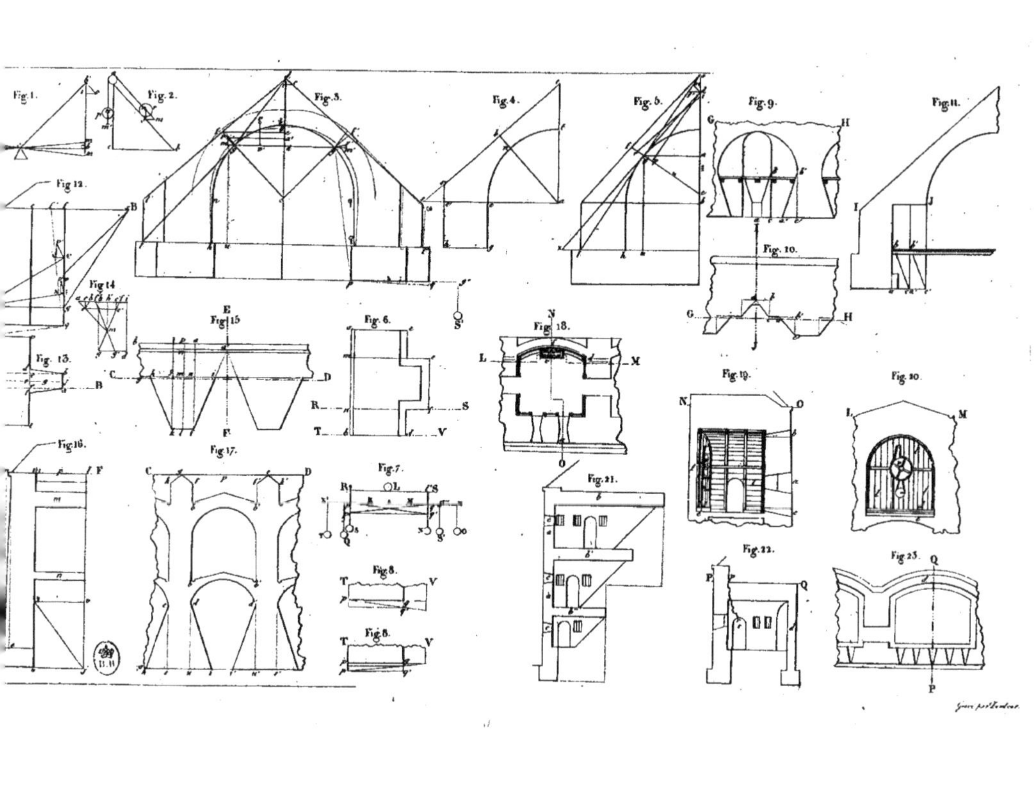

www.ingramcontent.com/pod-product-compliance
Ingram Content Group UK Ltd.
Pitfield, Milton Keynes, MK11 3LW, UK
UKHW020335130726
13696UKWH00003B/1367